モノづくりマネジメント入門

中島健一 著

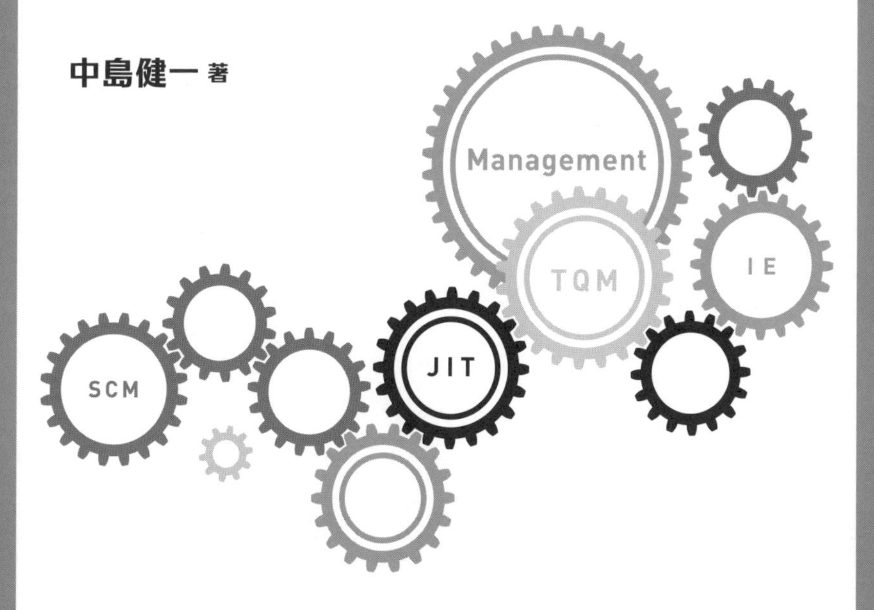

日科技連

まえがき

ジャパンアズナンバーワンといわれた時代から数十年のときを経て，近年，わが国では，生産性革新や働き方改革といったスローガンのもと，各企業・組織体において，さまざまな取組みがなされている．製品・サービスの質保証を前提として，固有技術の向上・業務の改善・効率化が求められるだけでなく，コスト低減も要求されている．幅広い経営活動は有機的に繋がり，相互に影響しているため，「その全体構造を把握し，いかに持続可能な発展目標を定め，マネジメントを行うか」が重要といえる．

本書は，モノづくりのマネジメントシステムを「管理技術(MT：Management Technology)」の側面から俯瞰するための入門書として執筆された．この分野を学ぶ初学者から，モノづくりの現場の管理者，スタッフ，ミドルマネジメント，中小事業者の経営者など一人で経営全体を統括されるようなトップマネジメントに至るまで，さまざまな立場のモノづくり関係者の参考となれば幸いである．まずは，システム全体を把握して，その後，各人が必要とする専門分野での研究を深めて頂きたい．

本書では，マネジメントの対象であるモノづくりシステムの本質を掴むために，重要な概念についてしばしば高校程度の数学を用いてモデル化している．文系のなかには，数学に対して極端な拒否反応がある方，また中学数学でつまづいてしまった方がいることは筆者も理解している．しかし，システム全体の厳密な分析や，その全体の動作を予測するためには，中学数学はいうまでもなく，高校数学の活用は避けては通れない(それさえも実務への活用を考えると“最低限”のレベルである)．

具体的には，「場合の数と確率」(2020年度時点の文部科学省の分類でいうと「数学A」)や「数列」(同左「数学B」)などへの理解を前提にした記述が第3章以降で多くある．そのため，もしこれらの理解に不安がある場合には，各人のレベルに応じて(ときには中学数学や高校数学の参考書に立ち戻るなどして)個別に対応して頂きたい．

本書は，以下の構成となっている．

第1章においては，モノづくり現場を経営システムと捉え，ヒト・モノ・カネ・情報といった経営資源の視点からマネジメントシステムについて論じている．日本において創造され発展した，ジャストインタイム(JIT)，総合的品質管理(TQM)，総合的生産保全(TPM)やそれらを運用するための評価項目であるQDC(Q：品質，D：納期・時間，C：コスト)にもとづくPDCA管理サイクルなどについても触れている．

第2章では，誕生から百年を超える科学的管理法とインダストリアル・エンジニアリング(IE)の手法について述べ，第3章では，フォード・システムをはじめとする生産方式の歴史や生産管理システムの基礎概念をまとめている．第4章では，モノの流れとリードタイム(時間)に注目した在庫管理，および工程管理システムの基礎についてまとめており，さらに不確実性の影響を考慮した管理方式についても述べている．

第5章～第7章では，モノづくりの重要なテーマである品質マネジメントに関して説明している．TQMにもとづく顧客の視点，方針管理，日常管理，全員参加，教育・訓練ならびに作り手目線のモノづくりや，品質管理を推進する管理システム・統計的手法についても紹介している．なお，第7章は統計学の基礎知識を背景とした内容となっている．本章では「統計的品質管理(SQC)」を概説に留めているが，これをテーマにした書籍は数多く刊行されており，この分野の基本書には例えば『入門　統計解析法』(永田靖，日科技連出版社，1992年)が挙げられる．各人の理解度や興味の度合いに応じて学んで頂きたい．

第8章においては，管理の評価項目であるQDCの観点から総合的モノづくりマネジメントとして捉えることができるJIT生産システムについて概説し，第9章において，モノづくりとアカウティングについて述べている．第10章では商品開発について，日程管理やリードタイム短縮，信頼性などにかかわる設計・開発に有用な管理技術手法について概説している．最後に，昨今の進展が目覚ましい情報技術(IT)の活用によるモノづくりシステムについて第11章で述べ，本書における管理技術(MT)と新たに進化してきたITの融合によるマネジメントモデルなどについて解説している．

また，巻末の付録においては，いくつかの管理手法の理論的な背景となり，実務にも応用されている確率モデルに関する補足と，統計的手法において用いられる数表などを掲載している．冒頭で述べたように本書では，説明を一般化，あるいは簡略化するために，一部数学的な表現を用いて解説している手法などがあるため，例題などを参考としながらそれらの意味や活用の仕方について学んで頂きたい．

以上のように，本書では管理技術の視点からモノづくりマネジメントにおいて，さまざまな手法などを取り上げているが，それらを通して見えてくるのは，「真の目的(問題)は何か」(目的志向)を見定めたうえで，「重点管理」と「ばらつき管理」を行うという共通点である．

すなわち，「木を見て森を見ず」とならないように，各人が直面している問題についてはまず，対象とするモノづくりシステムのなかで「これは真の問題なのかどうか」を見定めることが重要である．その次に，重要な指標・要因を絞り込んで改善を行い，最後にその結果として得られる特性値のデータのばらつきをできるだけ小さくするようにコントロールする．こういった一連のプロセスが，管理技術を活用するうえでのポイントになるのである．

本書における各種手法を学ぶ際には，「モノづくりでは固有技術と管理技術が車の両輪であること」と「固有技術と管理技術の関係性」を意識しながら，管理技術の本質を摑んで頂ければ幸いである．

この分野で取り上げるべき概念，その範囲や視点は，さまざまに異なり，また，先人たちに幅広く研究されてきているため，浅学非才の筆者が完璧な入門書をまとめ上げることは難しく，「読者諸賢のご批判を仰ぎながらさらなる改善へと結び付けていきたい」と考える次第である．

本書の執筆に当たっては，各専門領域の方々から貴重なコメントを頂いた．特に名古屋工業大学小島貢利先生，神奈川大学平井裕久先生，玉川大学木内正光先生，元ヤンマーディーゼル(現ヤンマー)品質保証部長金子浩一氏には理論と実践の両面から本書への貴重なご助言を頂くことができ，厚く感謝申し上げる．また，本書の刊行に際して日科技連出版社田中延志係長には，刊行までの間，親身なご助力を賜った．

最後にこれまで筆者の研究活動においてお世話になった多くの研究者，特にJIT生産システムをはじめ，モノづくりシステムの研究に関して基礎からご指導頂いた名古屋工業大学大野勝久名誉教授，そして筆者の研究生活を支えてくれた家族へも心から感謝する次第である．

本書をきっかけとして，モノづくりマネジメントに興味をもち，全体を俯瞰したうえで，さまざまな問題解決に取り組んで頂ければ幸いである．

2020年3月

中島健一

モノづくりマネジメント入門　目次

第4章 在庫管理システム

第5章 品質管理システム

第6章 TQMによる改善活動

第7章 統計的品質管理

第8章　ジャストインタイム生産システム

第9章　アカウンティング

第10章　商品開発マネジメント

第11章　マネジメントにおける情報技術活用

付録 確率モデルの基礎

第 1 章
企業活動とマネジメント

1.1　システムとしての経営

企業における経営活動の領域は幅広く，取り扱う製品・サービスはもとより，業種・業態により，多面的な特徴を有するといえる．また，経営を取り巻く環境は不確実性を伴い，日々変化しており，企業経営においては，こうした背景のもとで直面する問題に対して，柔軟に対応していくことが求められている．特に，「真の問題は何か」を見い出すための「問題発見能力」，またその問題を解決するための「問題解決能力」については，この分野を学びはじめた初学者，第一線の技術者やミドルマネジメント，さらにはトップマネジメントに至るまで，幅広く求められる能力であるといえる．

本書では，モノづくりにおける「管理技術」に焦点を当て，ヒト・モノ・カネ・情報といった経営資源(リソース)の観点から，企業活動を概観する．つまり，インプットされた資源が，各プロセスを通じて，部品・製品やサービスなどの付加価値をアウトプットする一連のモノづくり活動を，経営システムモデル(図 1.1)として体系的に捉えるものである．このプロセスマネジメントにおいて，管理のサイクルを回し，モノづくりにおける重要項目である，Quality(品質)，Delivery(納期・時間)，

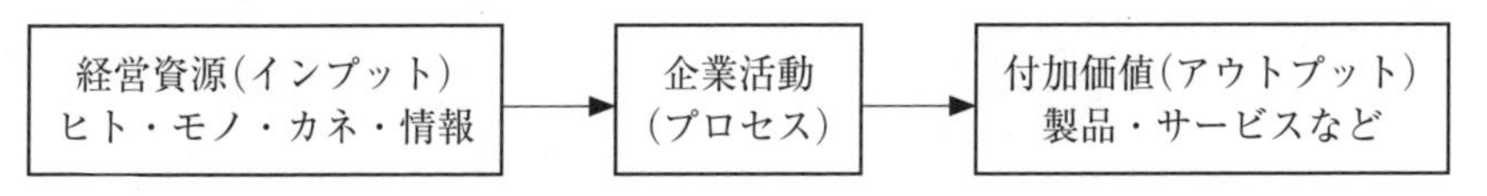

図 1.1　経営システムモデル

Cost（コスト）（以下，QDC）を中心としたモノづくりマネジメントシステムを俯瞰する．このようにモノづくりを経営システムとして捉えた場合，「経営資源をいかに効率よく獲得し，制約のある資源を企業活動の各プロセスに配分して，有効活用するか」が求められる．

ここで，各プロセスで産出される付加価値には，目に見える「もの」と目に見えない「サービス」などの付加価値も存在し，本書ではそれらを総合して「モノ」として捉えることとする．さらに，商品開発や生産プロセスにおいて創造される生産方式・管理手法も一種の付加価値として捉えることができるため，本書ではこれらを含めた「モノづくり」について考えていくこととする．

モノづくりにおける企業活動は，例えば図1.2のような3つの軸として捉えられる．1つ目の軸は生産・物流プロセス軸であり，資材調達から生産を終えて顧客へ製品が届くまでの一連のサプライチェーンを含め，いわゆるオペレーションズ・マネジメントが求められる．さらに，近年では，ライフサイクルを終えた製品を回収し，再生産を行う循環型

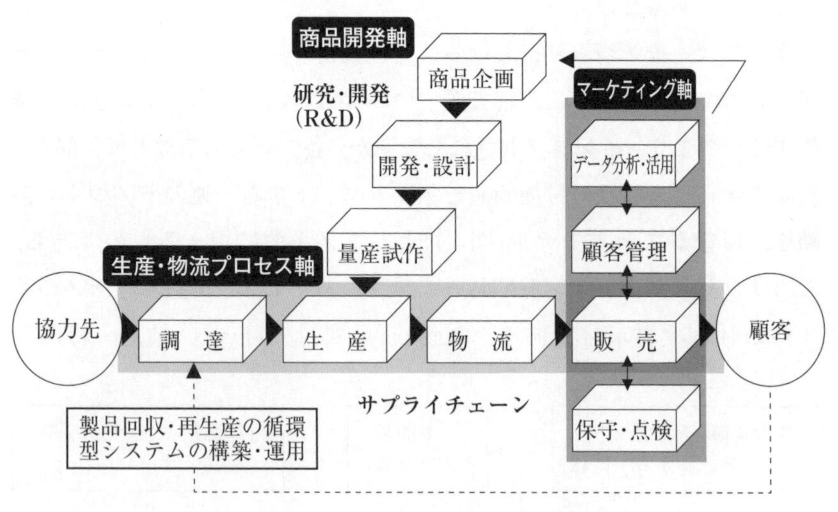

図1.2　モノづくりシステムの概念図

システムの構築・運用も注目を浴びている．2つ目は商品開発軸であり，商品化へのプロセスを表す．3つ目にマーケティング軸があり，データの収集・活用にもとづく顧客管理および販売活動などを意味する．

本書では，生産・物流プロセス軸を中心として，モノづくりマネジメントにおける基礎的な事項，特にオペレーションズ・マネジメント分野について解説し，システムとして捉えた場合のモノづくりに関するマネジメント手法について紹介する．さらに，その他2つの軸に関連する有効な管理手法なども取り上げ，モノづくりシステム全体を通したマネジメントの着眼点に関する基礎的内容を整理する．なお，サービス(無形)分野については，製品(有形)との特性の違いを考慮して，本書で紹介する各種手法を活用すべき点に注意が必要である．

1.2　モノづくりと経営管理

(1)　経営管理過程論

アンリ・ファヨール(Henri Fayol，1841～1925)は，フランスの鉱山技師出身で，1888年からコマントリ・フールシャンボール鉱業会社社長として経営トップを務めた．その長年にわたる経営管理者の経験から，企業活動において管理活動を他の業務活動から独立して取り扱う重要性を初めて提唱し，経営管理過程論の基礎となったといわれる．1916年に発表された『産業ならびに一般の管理』において，企業活動における6つの活動を示している[1]．

① 技術的活動(生産，製造，加工)
② 商業的活動(購買，販売など)
③ 財務的活動(資本の調達と運用・管理)
④ 保全的活動(財産，従業員の保護)
⑤ 会計的活動(財産目録，貸借対照表など)
⑥ 管理的活動(予測，組織，命令，調整，統制)

従来，管理的活動は①～⑤における活動の一部として考えられていたが，ファヨールは管理的活動がそれらとは別の活動を構成するとその重要性を指摘した．彼は管理活動を，「予測し，組織し，命令し，調整し，統制することである」と定義した．

さらにファヨールは，分業や権限と責任など，管理活動を行うための管理原則を14項目挙げている[1]．彼は企業活動における職務として管理を重視し，特に「組織の責任ある者には管理能力が重要である」と強調している．また，「管理教育の体系を確立し，他の学問と同様，小・中学校，高等学校で教育すべきものである」と主張している．

(2) 人間関係論

1924年から米国ウェスタン・エレクトリック社のシカゴのホーソン工場において，作業能率に関する一連の実験・調査が行われた．具体的には，照明実験，継電器(リレー)組立実験，面接調査，バンク巻線作業観察の実験が順番に行われ，後にホーソン実験とよばれた．

最初の照明実験では，工場内の照明と作業能率との関係が調べられ，「照明の明るさを変化させると生産性も変化する」という仮説のもとに，照明の明るさを変化させて生産量を調べたが，照明の明るさの変化に応じた生産量の変化はなかった．その後，メイヨー(Gerge Elton Mayo, 1880～1949)らによって，作業時間や休憩その他の作業条件などが，作業能率に及ぼす影響に関する一連の実験が行われ，「生産性は作業の物理的な条件や作業時間などの条件よりも，同僚や監督者などに対する感情や態度の影響を受けやすく」，また，「それらが人間関係と密接に関係し，作業意欲が生産性を向上させる」ことが示された[2]．

このようにして，メイヨーらはフォーマルな組織にインフォーマルな組織が存在することを発見し，経営管理における新たな知見を与え，人間関係論の端緒となった．

1.3　日本的モノづくり

モノづくりにおいては，従来の機械加工など，固有技術的な側面に加えて，先に述べたとおりモノの作り方や管理の側面からのアプローチも企業経営に付加価値をもたらす重要な技術であるといえる．

わが国においては，これらの管理技術を体系化した日本的モノづくりともいえる総合的管理システムがこれまでに構築され，国際競争力の源泉となってきた．以下では代表的な日本的モノづくりマネジメントについて概説する．

(1)　JIT 生産システム

1973 年のオイルショック時に脚光を浴びたトヨタ生産方式[3]は，多品種少量生産の環境のもとで，徹底的なムダの排除によるコスト低減と高流動生産を実現した画期的な生産システムであり，JIT (Just-In-Time) 生産システムとしてとして知られている．その基礎概念は，平準化を基礎とする「JIT」とニンベンのある「自働化」の 2 つの柱である．

JIT とは，「必要なものを，必要なときに，必要なだけ生産する」理念であり，自働化とは機械に人間の知恵を付与し，良品のみを生産する理念である．また，同システムは，その特徴でもある後工程引き取り・後補充生産方式を実現する情報伝達手段である「かんばん方式」(Kanban system) として全世界へ普及している．実際，製造業の復権を目指した米国を中心に 80 年代後半から活発な理論的研究が行われ，1990 年にマサチューセッツ工科大学から提唱されたリーン (Lean) 生産システムの基礎となっている (詳細は第 8 章を参照)．

さらに JIT 方式は製造業のみならず，今日では農業やサービス分野にも展開されており，さまざまな企業・組織において有効な経営手法といえる．

(2) TQM

1960～1970年代の日本において，欧米から導入された品質管理(Quality Control：QC)の考え方・方法をもとに，全員参加による実践のなかからTQC(Total Quality Control：全社的品質管理)が生み出され，1996年には，TQM(Total Quality Management：総合的品質管理)へと名称が変更された．現在では，日本だけでなく世界中において，製造業のみならずサービス業，小売業，さらには通信，運輸，医療，福祉，教育，金融などのあらゆる分野で活用され，効果を上げている．

日本品質管理学会規格[4]では，TQMの定義を「品質／質を中核に，顧客及び社会のニーズを満たす製品・サービスの提供と，働く人々の満足を通した組織の長期的な成功を目的とし，プロセス及びシステムの維持向上・改善・革新を全部門・全階層の参加を得て様々な手法を駆使して行うことで，経営環境の変化に適した効果的かつ効率的な組織運営を実現する方法」としている(詳細は第5章～第7章を参照)．また，この方法を企業の経営と結びつけ，成果をあげた組織体を表彰する制度として，デミング賞，日本品質奨励賞が設置され，デミング賞は今日では国内だけでなく海外の企業による受賞もなされている．

デミング賞においては，経営目標・戦略の策定と首脳部のリーダーシップ，TQMの適切な活用・実績，TQMの効果についての評価方法や評価基準などにもとづき，審査が行われ評価される．また，日本品質奨励賞では，活動と得られた成果の2つの要素について審査され，活動についてはトップのリーダーシップ，改善活動，標準化と日常管理の3項目といくつかの個別重点項目を選択したうえで審査される．

(3) TPM

TPM(Total Productive Maintenance：全員参加の生産保全または，総合的生産保全)は，「i)生産システム効率化の極限追求(総合的効率化)をする企業体質づくりを目標にして，ii)生産システムのライフサイクル全体を対象とした“災害ゼロ・不良ゼロ・故障ゼロ”などあらゆるロスを未然防止する仕組みを現場現物で構築し，iii)生産部門をはじめ，開発・営業・管理などのあらゆる部門にわたって，iv)トップから第一線従業員にいたるまで全員が参加し，v)小集団活動により，ロス・ゼロを達成すること」とJIS規格で定義されている[5].

社団法人日本プラントメンテナンス協会によって1971年に提唱されたTPMは，その後，多くの企業に普及していった．その狙いとしては，以下の点が挙げられる.

① 信頼性向上：設備機械の故障をなくし，故障によるライン全体の停止期間を短縮させ，生産性を高める.

② 技能・知識の向上：現場にいる全員が設備機械に強い職場をつくり出す.

③ 経済性向上：設置から廃却までの全期間を通じて，設備機械のライフサイクルコスト(購入費＋保全費＋改造費)の低減を図る.

④ 保全性向上：設備機械は，故障したらすぐ直せるようにする.

⑤ 工程能力の向上：設備機械の維持・管理を計画的に行うことにより，品質の向上を図る.

このようなTPMの効果については，表1.1のような項目でチェックすることにより，必要に応じて対策をとることが可能である.

生産システムの保全から経営体の保全までを自らの役割とするTPMは，優れた生産経営体の実現を目指したものであり，その基盤であるシステムの内部構造を保全的方法によって革新的に合目的化するための全社的活動といえる．近年ではIoT(Internet of Things)の活用により，設備状態に関するデータを自動的に収集し，分析を行うことで，生産保全活動を行っている事例も見られる.

表 1.1　TPM の効果についてのチェックポイント(CP)リスト(例)

(1)　設備機械の故障から故障までの間の稼動時間が増加しているか.
CP：平均故障間動作時間(Mean Time Between Failure：MTBF)は増加しているか.

(2)　一つの故障を回復させるのに要する時間は短縮されているか.
CP：平均修復時間(Mean Time To Recovery：MTTR)は小さくなっているか.

(3)　保全可動率(アベイラビリティ)は向上しているか.
CP：保全可働率$=\dfrac{\mathrm{MTBF}}{\mathrm{MTBF}+\mathrm{MTTR}}\times 100(\%)$は100%に近づいているか.

(4)　総保全費(製造部門保全費＋保全部門保全費＋停止損失費)は低減されているか.

(5)　エネルギーコスト当たり保全費(総保全費／総エネルギーコスト)は低減されているか.

(6)　故障停止件数の発生比率は低下しているか.
CP：故障度数率(故障停止件数／稼動可能時間)×100(%)は低減しているか.

(7)　故障停止の時間比率は低下しているか.
CP：故障強度率(故障停止時間／稼動可能時間)×100(%)は低減しているか.

上記3つのマネジメントシステムは，いずれも現場における継続的改善活動をその基礎としており，日本におけるモノづくりの国際競争力の源泉になってきた．以下では，それらのシステムに共通する現場の改善活動をはじめ，さまざまな管理業務において用いられる PDCA サイクル，およびその評価指標などについて解説する．

1.4　PDCA サイクルと先手管理

(1)　PDCA による管理サイクル

PDCA サイクルとは，第二次世界大戦後の日本の製造業における品質管理に多大な影響を与えたデミング(William Edwards Deming, 1900 ～ 1993)らによって提唱されたマネジメントサイクルの一つである．1950 年代当初は，工場の生産現場での活動を中心に用いられていたが，1970 年代頃には，生産活動にとどまらず，企業の全分野の活動に用いられる考え方となった．

これは，Plan(計画)—Do(実施)—Check(確認・評価)—Act(対策・改善)からなる管理のサイクルであり，それぞれの単語の頭文字をとって PDCA サイクルとよばれる(図 1.3)．また，各項目における具体的な内容は，表 1.2 に示すとおりである．

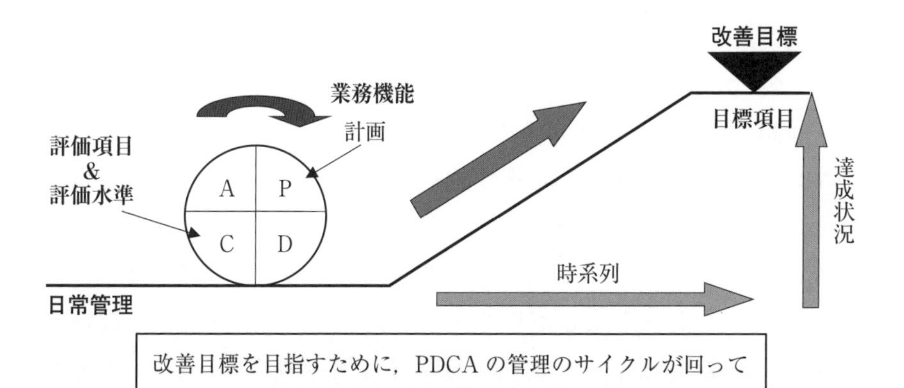

図 1.3　PDCA サイクルの概念

表 1.2 の「(3)Check(評価する)」の部分について考えてみると，「どのような評価尺度のもとで，システムの評価を行っていくか」を決めなければならない．モノづくりのプロセスにおいては，「製品品質・機能

表 1.2　PDCA 各項目の具体的な内容

各項目	内　容
(1)　Plan (計画する)	①　自職場の重点項目を明確にし，管理の方策を立て，関係者へ徹底する(前期の実績，今期の方針を参考にする). ②　実施項目，目標値を決定し，期限を決める. ③　重要指標の評価項目の見直しをする. ④　必要とするデータを決め，その目的を明確にする.
(2)　Do (実施する)	①　作業を遂行し，結果のデータをとり，事実にもとづいて判断し行動する. ②　スケジュールや管理項目などを確実に管理する.
(3)　Check (評価する)	①　特性値データの整理をし，状況の把握・評価をする. ②　問題(異常)に対し,「どの原因(4M：Man, Machine, Material, Method)が結果に影響しているのか」をチェックする. ③　管理状態の推移を掲示して全員に知らせる.
(4)　Act (対策および改善する)	①　基準から外れている場合は，基準内に入るよう対策をする. ②　問題点の原因を究明し，積極的に改善策を検討し実施する. ③　作業標準を改訂し，確実に実施する.

Q(Quality)は本当に顧客が求めているものか」,「意図する品質を実現しているか」,「顧客が求める適時性・納期 D(Delivery)を満足しているか」,「原価・価格 C(Cost)をさらに低減できないか」などの評価尺度が考えられる．これらは，従来，生産現場における重要管理項目として QDC，あるいは QCD とよばれていたものだが，現場が直面する問題としては，不良(Q)とリードタイム(D)がより直接的であるため，本書では以後，QDC とよぶ．さらに近年では QDC に加えて，企業の社会的責任(Corporate Social Responsibility：CSR)とも密接に関連している環境(Environment)への配慮や，法令順守(コンプライアンス)などにも KPI(Key Performance Indicator：重要業績評価指標)を導入して検討することが必要となっている．

このPDCA サイクル4項目からなるループを繰り返すことで，最初のループでの「(4) Act(対策および改善する)」が，次のループでの「(1) Plan(計画する)」へと反映されるフィードバック・ループとなるため，システムを螺旋状にスパイラルアップできる(ジュラン・スパイラルといわれることもある)．このようにして，PDCAサイクルは，より理想的な高いレベルの生産や業務を行うことができることを目指し，トップマネジメントから現場の業務システムに至るまで継続的に維持・改善するための管理サイクルとして知られている．

また，この考え方は，後述する国際標準規格(5.4節)である品質マネジメントシステム(ISO 9001)や環境マネジメントシステム(ISO 14001)など，さまざまな管理活動などにも取り入れられている．

(2) 先手管理と後手管理

日本のモノづくりにおいてプロセス管理や品質管理に，前節のTQMは貢献してきた．そのなかで技術の革新・進歩，顧客の多様化への変化に対してダイナミックにマネジメントを実行するためには，活動のスピードと時間が大切となるため，常に変化の予見を察知することが重要といえる．競合・競争社会におけるモノづくりは，マラソンと同様に，自分が一歩進んでいる間に相手が1.5歩進めば，ゴール時点で大きな差をつけられることとなる．したがって，経営活動においては，最小の時間で，より高いレベルの成果を求められるが，そのために慌てて失敗をする場合も多々生じることとなる．そのような失敗した結果に対しては，急いで対策や改善の手を打つこととなり，これを「後手(ごて)管理」とよぶ．

モノづくりのプロセス管理[1)]においては，プロセスを設計して「管理」について標準化することが必要である．この場合には，原因と結果との

1) モノづくりのプロセス管理に影響する「原因」は多岐にわたり，無数にある．また，結果に大きな影響を与える重要な原因(Vital few)を取り上げて解決が目指されるとき，その原因を「要因」という場合もある．

区別が必要であり，それを明確にするには，例えばQC七つ道具の一つである特性要因図(6.3節)を活用するとよい．特性要因図によって，図1.2に示されるプロセスに関係する企画・開発・生産・販売・保守などの複数部門間の連携を図りながら，関係者によってブレーン・ストーミング的に固有技術や経験などの知識を集めて，先手(せんて)を打てるような標準化の作業ができる．

このようなプロセス管理を行うことで，問題を事前に発生させず，また想定される原因に対して競合他社に遅れないよう，科学的(体系的)に迅速な処置，行動を起こすことができる．そのような活動を上記の「後手管理」に対して「(科学的)先手(せんて)管理」という．先手管理においては，前節のPDCAサイクルにもとづいてQ(品質)，C(コスト)，D_1(量)，D_2(納期)，E_1(環境)，E_2(教育)，S_1(安全)，S_2(セキュリティ)，M(モラル(Moral))を加えた図1.4のスパイラル2段階PDCAサイクルモデルや先手管理七つ道具などが提唱されている[6]．

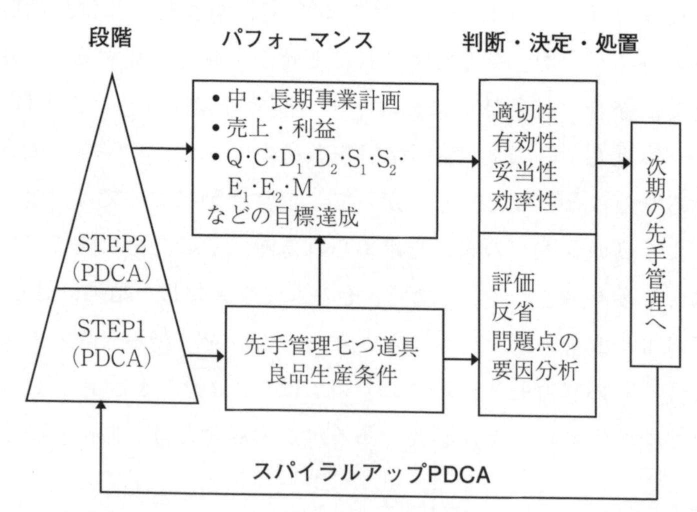

出典)　金子浩一，中島健一(2015)：『科学的先手管理入門』，日科技連出版社.

図1.4　先手管理スパイラルモデル

【演習問題】

(1)　日常的に携わる(業務)活動を一つ挙げ，その目的や，インプットおよびアウトプット，変換プロセスなどを示しなさい．

(2)　TPM の事例を調べ，その効果についてまとめなさい．

(3)　CSR と環境の関係性についてまとめなさい．

(4)　循環型システムの事例を調べ，CSR との関係性について考察しなさい．

(5)　PDCA サイクルを用いて，身の回りのシステムに関する具体的な管理方法を示しなさい．

第 2 章
科学的管理と IE

インダストリアル・エンジニアリング(Industrial Engineering：IE)は，モノづくりに関する企業や組織体の生産性向上のために開発された多様な設計・分析技術，ならびに生産性向上に向けた活動を総称したものである．1890 年代，米国におけるテーラー(Frederik Wislow Taylor, 1856 ～ 1915)による研究に端を発し，彼の『科学的管理法の原理』の出版により始まったとされる．作業研究は IE の中核技術であったために，「古典的 IE」，「狭義の IE」とよばれることもある．

2.1　科学的管理法(テーラー・システム)

科学的管理法(Scientific Management)ないし，テーラー・システムは，テーラー(図 2.1)[1]とその門下生らにより 19 世紀末から 20 世紀初頭にかけ，実践の場において確立されたものである．これは，モノづくりの現場における作業・業務について初めて科学的に取り扱った画期的な業績であるといえる．

図 2.1　テーラー

テーラーは，裕福な弁護士の次男として 1856 年フィラデルフィア市郊外に生まれた．ハーバード大学法学部の入試に合格したものの，眼病のため入学を断念して，1878 年にミッドベール製鋼所へ職工として入社した．当時の米国工業界では，単純出来高払制度による賃金制度が行われており，労働者が勤勉に働き，賃金が高くなると経営者が一方的に賃金率を切り下げることが行われていた．このため労働者は勤労意欲を失い，団結して要領よく怠業する組織的怠業が繰り返されていた．テーラーは，この原因について「1日に行う労働者の作業量を経営者が知らないことにある」と考え，作業を構成する要素時間について，ストップウォッチを用いて正確に測定し，1日当たりの公平な作業量を決定した．これを課業(Task)と名づけ，この課業にもとづく管理を「課業管理(Task management)」とよんだ．これらの研究成果が，1895年に発表された『出来高給制度』である．その要点は，時間研究にもとづいた「要素別賃率設定」および規定の時間に割り当てられた課業を達成できるかどうかで支払う賃金の高低が決まるという「差別的出来高給制度」であり，テーラーは前者をより重要視している．さらに，1903年には「計画部門の設置」，「職能的職長制度」や「指導票制度(時間研究)」などを提唱した『工場管理』を出版している．また，1906年には金属切削におけるテーラー式を発表し，米国機械技士協会(ASME)会長を務めている．そして1910年，米国東部諸鉄道の貨物運賃値上げ申請に際し，テーラーが「科学的管理法を実施すれば1日に100万ドルは節約可能である」ことを主張し，申請が却下されたことで，科学的管理法は米国社会に認知されるようになった[2,3]．

1911年にテーラーは『科学的管理法の原理』を発表し，そのなかで次の4項目からなる管理の原則を挙げた[4,5]．

① 従来の経験則的なやり方をやめ，労働者の各仕事について科学を展開すること

② 従来のように労働者が自ら仕事を選択し，自分で勉強するのをやめ，各種の仕事に対し最も適した労働者を科学的に選び，これを訓練し，教育すること

③ 開発した科学的方法の原理を反映させ，すべての仕事ができるよう，管理者と労働者が心から協働すること

④　管理者と労働者の間で仕事とその責任をほぼ均等に分担すること

テーラーの科学的管理法の発展は，以下で示すガントやバースなどの門下生やその他の協力者による貢献も大きいといえる．

- ガント（H. L. Gantt，1861 ～ 1919）：生産スケジューリングなどで今日も活用されている「ガントチャート」（図 2.2）を考案した．

■機械 M_1 から機械 M_2 の順番で，5 つのジョブ J_1 ～ J_5 が加工される場合，それぞれの加工時間がリストで与えられた場合のガントチャートの例．

ジョブの作業時間のリスト

機械＼ジョブ	J_1	J_2	J_3	J_4	J_5
M_1	4	6	5	1	8
M_2	5	3	2	6	5

時間	5	10	15	20	25 26
M_1	J_4, J_1	J_5	J_2	J_3	■
M_2	■, J_4	J_1, ■	J_5, ■	J_2, ■	J_3

図 2.2　ガントチャート（例）

- バース（C. G. L. Barth，1860 ～ 1939）：テーラーの金属切削の研究を助け，金属切削用計算尺を開発した．

テーラーの協力者としては，例えばエマソンやギルブレス夫妻がおり，それぞれ以下のような業績を残している．

■エマソンの業績―能率という概念を提唱―

エマソン（Harrington Emerson，1853 ～ 1931）は，能率（Efficiency）

を提唱し，これによって科学的管理法という概念も普及させた．また，指揮命令系統を分割することなく，専門事項をスタッフに委任する「ライン・アンド・スタッフ組織」(図2.3)を提唱した．この組織では，ライン組織(直系組織)における監督と権限は残しつつ，スタッフ組織からの助言・助力にもとづいてラインは作業を行うこととなる．これは，従来のライン組織の長所を保ちつつ，その短所を補った管理組織といえる[6]．

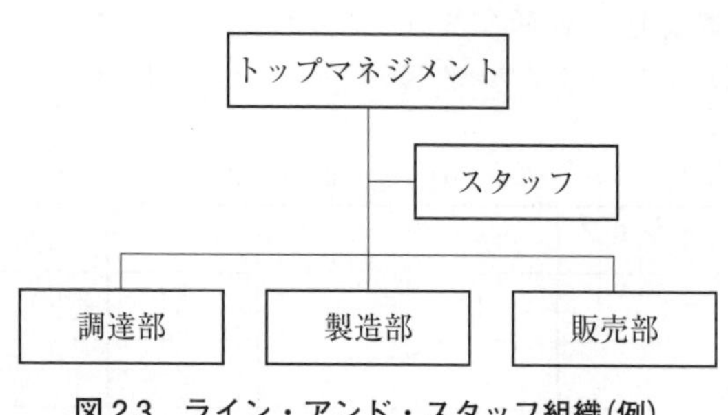

図2.3 ライン・アンド・スタッフ組織(例)

■ギルブレス夫妻の業績―動作研究の発展に寄与―

ギルブレス夫妻の夫のギルブレス(Frank Bunker Gilbreth，1868～1924)は，レンガ積みなどの動作分析で功績があり，彼が提案した方法により従来の出来高の約3倍を達成した．また，18の動作要素や疲労研究でも知られている．妻のギルブレス(Lillian Moller Gilbreth，1878～1973)は，経営心理学や身障者の動作研究で知られている．

仕事に初めて科学を導入したテーラーが，その研究手法として時間研究を中核にしたのに対して，ギルブレス夫妻は，仕事自体に着目した動作研究などについて発展させ，科学的管理法の礎を築いた(詳細は2.3節を参照)．その後，2つのアプローチは広く用いられることとなり，バーンズ博士(Ralph Mosser Barnes，1900～1984)によって，1937年には動作・時間研究としてまとめられた．さらに，メイナード

(Harold Bright Maynard, 1902 〜 1975) とステグマーチン (Gustave James Stegemerten, 1892 〜 1987) によって方法研究・作業測定として体系化され, 2.3 節における作業研究という用語もわが国においては, 広く用いられている [4].

2.2 生産システムの構造

生産システムを効率よく管理・運営するためのアプローチの一つとして, 図 2.4 のようにシステム全体を 3 つの系, すなわち, 工程系, 作業系, 管理系として捉えることができる [7].

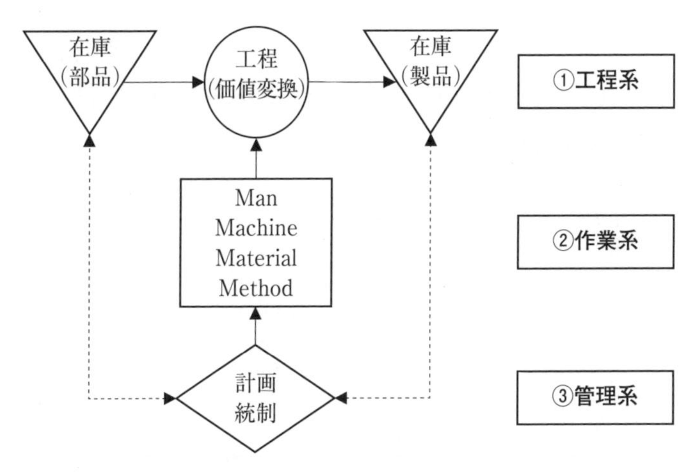

出典) 熊谷智徳 (1996):『経営工学総論』, 放送大学教育振興会をもとに筆者作成.

図 2.4 生産システムの構造

① 工程系:材料や設備に働きかけて価値の高い製品を作る製品価値変換過程である.

② 作業系:工程課題を遂行する物的・人的手段による活動である.

③ 管理系:指令を出し, 実施してその結果を評価し, フィードバックを行うプロセスである.

次節以降において，各系におけるIE手法などを紹介するが，これらの共通点は，「製造現場の役割が，製品の品質(Q)，納期(D)，原価(C)のQDC目標を達成するために，“作業者(Man)，機械(Machine)，原材料(Material)，方法(Method)という要素”(4M)を効率よく活用していくこと」である．

4Mは，生産活動を支える重要な要素であり，後述する特性要因図(6.3節)などでもその考え方は活用されている．また，この4Mに測定(Measurement)を加えて5Mとよばれることもある．

2.3　作業研究

生産システムの分析においては，2.1節で述べた作業研究が基本的分析法として知られる．作業研究は，方法研究(Method study)と作業測定(Work measurement)の2つの柱からなる(図2.5)[2]．

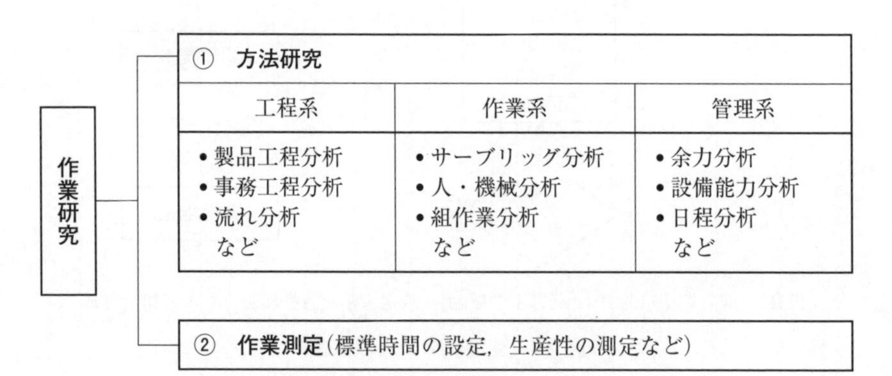

図2.5　作業研究の技法

(1)　方法研究

方法研究とは，仕事のやり方について，体系的に記録・分析を行い，作業がより容易かつ効率的になる方法を考案し，その方法を実践するための活動，およびその管理技術(技法)体系である．

例えば，工程系を対象とする技法には，「部品→加工→製品」というモノの流れを分析するための製品工程分析などがある．そのように，各工程における運搬手段や停滞，モノやヒトの流れなどを分析するための技法は，工程分析と総称される．

また，作業系における技法は，工程内の作業を分析するためのものであり，動作研究(Motion study)あるいは，動作分析(Motion analysis)がよく知られており，作業者の動作を細かく分析し，もっとも経済的・合理的な動作の順序や組合せを設定するものである．

動作研究において，動作分析単位は，Gilbreth の名前を逆綴りにしたサーブリッグ(Therblig)とよばれている．これは，人間の行う動作を目的別に細分割し，あらゆる作業に共通と考えられる 18 の基本動作要素に与えられた名称である．18 の動作は，3 つに大別され，第一類を作業に必要な動作，第二類を第一類の動作を遅らせる動作，第三類を作業に不必要な動作としている．また，サーブリッグ分析を行うときには，ギルブレスによって提案された「動作経済の原則」が有用である．これは，「作業者が作業を行うとき，最も合理的に作業を行うために適用される原則」であり，以下の 3 原則に大別される．

① 身体の使用に関する原則：「両手は同時に始め，あるいは終わる」，「手を休憩時間以外は休めてはならない」など

② 作業場の配置に関する原則：「工具や材料はすべて定位置に配置する」，「材料や工具は作業が最良の順序になるよう配置する」など

③ 設備・工具の設計に関する原則：「2 つ以上の工具はできるだけ組み合わせる」，「なるべく専用型の工具を使用する」など

(2) 作業測定

作業測定は，適性と一定の熟練度をもつ作業者が所定の仕事を遂行するのに要する時間(通常は標準時間)を決めること，あるいはそのための技法の体系である．作業測定の目的には，①標準時間の設定，②作業方法の改善と標準化，③生産性の測定がある．

ここで，生産性の測定は，直接作業を観測する「直接測定法」と，実験データなどにもとづいて作業方法や作業時間を設定する「間接測定法」に分けることができる．これらについては，表2.1のような代表的な技法が知られている(詳細は関連書を参照)．

表2.1 直接測定法および間接測定法における代表的な技法

技法名	具体的な内容
直接測定法	• **時間研究**(Time Study)：特定の条件下で遂行される作業を，適当な要素作業に分割してそれら要素作業の所要時間を測定して評価する方法. • **ワークサンプリング**：作業者の行動や，機械の稼働状態などを把握するため，統計的推測の考え方にもとづいて観測回数と観測時刻を決めて観測を行う方法.
間接測定法	• **PTS**(Predetermined Time System)法：標準時間設定法の一つであり，作業または作業方法を基本動作に分解し，その性質と条件にもとづいて，事前に定められた時間値を当てはめる方法. 1) WF(Work Factor plan)法 2) MTM(Methods Time Measurement)法 3) MODAPTS(MODular Arrangement of Predetermined Time Standards)法などがある.

2.4 工程分析技法

工程分析は，製造工程において，素材から製品を完成させるまでのプロセスを加工・運搬・停滞・検査の4つの基本要素として記号[8]により表し，記録・分析を行って工程改善を行う方法として用いられるもの

要素工程／記号名称		記号	対象物の変化の仕方	例
加　工		◯	物理・化学的変化	• 棒材の外形切削 • 部品の亜鉛メッキ　など
運　搬		○	位置的変化（ハンドリングを含む）	• 材料を倉庫から加工機械へ台車で運搬 • 部品を手で機械へ運搬
停滞	貯蔵	▽	計画的な時間的変化	• 部品を倉庫に保管 • 作業終了後の中間品が次の作業までラインサイドに置かれている状態
	停滞	D	非計画的な時間的変化	• 加工工程への到達が早すぎたため加工の順番を待っている仕掛品 • 組立工程で必要な部品が揃わないため待たされている既到着の部品
検査	数量検査	□	数量的な管理上の変化	• 出来高の計数チェック • 投入成分の計量測定
	品質検査	◇	質的な管理上の変化	• 品質特性の抜取検査 • 外観検査

図 2.6　工程分析における記号の説明

である（図 2.6）.

工程分析の技法は，「モノを対象とする分析」,「ヒトを対象とする分析」,「事務作業を対象とする分析」,「運搬を対象とした分析」に大別される．例えば，モノを対象とした製品工程分析においては，製造工程を図 2.6 の記号を用いて表現することにより，運搬や停滞など付加価値を生まない作業を可視化できる．これによって，モノの流れの見える化が行われ，停滞や運搬などのムダな作業についての改善・対策などが可能となる（図 2.7）.

距離	時間	工程経路	工程の内容説明
(m)	(min)	▽	材料倉庫で材料を保管
16	0.95	(フ)	フォークリフトで材料をライントップへ運搬
	135.00	▽	パレット上で保管
1	0.05	(手)	手で機械へ移動
	1.00	(1)	フライス盤で切削加工
2	0.20	(コ)	コンベヤで自動搬送
	2.00	(2)	ボール盤で穴あけ加工
3	0.30	(コ)	コンベヤで自動搬送
	1.50	(3)	旋盤で仕上げ削り加工

注1)　加工記号内の数字は要素工程の順序番号を示す.
注2)　運搬記号内の太字は，次の運搬手段を示す.
「フ：フォークリフト」,「手：手」,「コ：コンベヤ」
注3)　運搬記号の左側の数字は，運搬距離および運搬時間を示す.
注4)　加工記号，貯蔵記号の左側の数字はそれぞれ加工時間，貯蔵時間を示す.
注5)　各記号の右側は，工程の内容説明である.
出典）日本工業標準調査会(審議)(1966)：『JIS Z 8206：1982　工程図記号』，日本規格協会をもとに筆者作成.

図2.7　製品工程分析図(例)

【演習問題】

(1)　テーラー・システムが生産活動に与えた意義について検討しなさい.

(2)　図2.2に示されるような2機械フローショップ・スケジューリング問題の例を示し，ジョンソン(Jonson)アルゴリズムを用いて最適投入順序を求め，ガントチャートを作成しなさい.

(3)　サーブリッグ記号について調べなさい.

(4)　ワークサンプリング手法について調べ，具体例を示しなさい.

(5)　身近な作業について工程分析図を用いて表しなさい.

第 3 章
生産マネジメントの基礎

3.1　生産システムの歴史的変遷 1)

生産システムにおける管理方式を歴史的に見ると，フォード自動車会社を設立した，ヘンリー・フォードによる「一車種大量生産方式」と，その方式を発展させた，ゼネラル・モーターズ社(GM)中興の祖であるスローンによる「多車種大量生産方式」が挙げられる．さらに，これらの大量生産方式における硬直性とムダを排除した「多車種少量生産方式」としてのJIT生産方式(トヨタ生産方式)が，トヨタ自動車㈱元相談役の大野耐一(たいいち)により創り上げられてきたと見ることができる．

(1)　フォード・システム「一車種大量生産方式」

フォード(Henry Ford, 1863～1947)(図3.1)[1]は，T型フォードの一車種大量生産方式を，革新的な専用機械とベルトコンベヤシステムによる生産活動の総合的同期化流れ生産方式として完成させた．これは，前章で述べたIEを基礎として，徹底的な生産の分業化，専門化と機械化に加え，労働の単純化や部品の規格化などを推し進めたものである．

図 3.1　フォード

1)　本節の(1)～(3)まで，大野勝久，田村隆善，森健一，中島健一(2002)：『生産管理システム』，朝倉書店から筆者が一部を変えたうえで，引用している．

フォードは，ミシガン州ディアボーン近郊でアイルランド移民の長男として1863年に生まれ，1879年デトロイトの機械工場で雇われて人生をスタートした．その後，内燃機関の研究と競争用自動車の開発に没頭し，1892年に最初の自動車を完成させ，1903年にフォード自動車会社を設立した．A，B，C，F型車の製造を経て，N，R，S，K，T型車を設計し，1908年にT型1号車を製造した．翌年，T型一車種の生産を宣言し，デトロイト郊外ハイランド・パークに新工場を建設した．1913年，発電機組立ラインに初めてベルトコンベアによる移動組立方式を採用し，その後，シャーシや車体の組立へと拡大し，工場全体が連続した同期化流れ作業体制になった．販売台数とシェアの増加とともに，販売価格も順調に低下し，1915年に355,276台を販売したときの価格は440$(フォード自動車会社のシェアは37%)であったが，1921年に933,720台を販売すると価格は355$(シェアは55%)となった．デトロイト郊外ルージ河畔(River Rouge)に新工場を竣工した1922年には1,351,333台を販売し，価格は298$となった(シェアは56%)．このとき，鉱石から鉄鋼，プレス，鋳造，エンジン加工，組立に至る全生産工程の同期化を達成したことで，鉱山より鉱石を運び出して，完成車を貨車に積み込むまでの生産期間が約81時間となった．なお，この生産期間には，鉱石船が鉱山から工場の岸壁に着くまでに要する48時間が含まれているので，実質的な生産期間は約33時間である．その後，1927年になると，フォード自動車会社はGMとの競争に敗れ，T型車販売台数も27万台にまで低下し，3,300万ドルの赤字を計上した．そして，1927年5月26日，ついに15,485,486号車でT型は製造中止となった．翌年に新A型車の販売を開始して，一時シェアトップを奪回したものの，1931年以降GMが首位を続けている[2,3]．

フォードの経営方針は，フォード主義(Fordism)とよばれ，以下の項目を掲げている[3]．

① 奉仕機関としての経営「低価格と高賃金の原理」
② 奉仕の結果としての利潤
③ 清潔方策，労働節約策
④ 現金売買の方針と利潤の社内留保による自己金融方針と高賃金方針(経営を破壊に導くものとしての金融業者(銀行)と改革業者(労組))

このように奉仕動機をもって客観的な経営の法則とする，「奉仕が常に利潤に先行すべきである」との考え方のもとで，「低価格と高賃金の原理」を指向し，以下の２つの項目からなる経営合理化を行った．

1) 生産における単純化・規格化・専門化(3S)
- 製品の単純化：単一品種製品を製造した．
- 部品の規格化：部品を規格化し，互換性および生産性を高めた．
- 分業と専門化：作業者の仕事を細分化・専門化して，専用機械を配置し，専用工具を使用して作業を行った．その結果，作業者の仕事は単純な反復作業となり，機械的なものになった．

2) 移動組立方式

旧来の作業者が部品を取りに行く方式を改め，すべての工程をコンベアで連結して，コンベアが部品を運ぶ移動組立方式による流れ作業を実現した．このコンベアシステムにより生産活動の総合的同期化を達成し，フォード・システムは同期管理ともよばれた．

(2) スローン・システム「多車種大量生産方式」

スローン(Alfred P. Sloan Jr.，1875～1966)は，部品の共通化と設計技術の開発に取り組み，連続同期化を徹底した多車種大量生産方式を構築した．さらに，現在では広く普及している「割賦販売」，「近代的マーケティング手法」，「中古車の下取り」，「若者から年長者など，あらゆるユーザーを対象とするフルライン・ポリシー(例えば高級車：キャディラック，大衆車：シボレーなど)」，「分権的事業部制と中央統制の統一」などを初めて展開した．

スローンは，コネチカット州ニュー・ヘイブンに生まれ，1895年にマサチューセッツ工科大学(MIT)の電気工学科を卒業し，ハイヤット・ローラー・ベアリング社に入社した．一時，家庭用電気冷蔵庫メーカへ移ったが，1898年に赤字続きのハイヤット・ローラー・ベアリング社へ父親とその仲間が5,000$を出資し，彼は同社の再建を成功させ，経営手腕を発揮した．1916年にハイヤット社をGMに売却すると，GMの子会社ユナイテッド・モーターズ社社長となった．1918年にはGMに吸収合併され経営委員会のメンバーとなり，1923年春にGM社長となったが，当時のGMのシェアは12%であった．1925年に，シボレー車のボディとシャーシを共通部品とするポンティヤック車を開発すると，同年シボレー車の生産台数は48万台(価格875$)を数え，1927年には75万台(価格645$)を達成し，フォードのT型を製造中止に追い込んだ．1937年にGM会長となったスローンだが，1956年に名誉会長として会長を引退するときまでにGMのシェアは52%を達成していた[2, 4]．

(3) JIT生産システム「多車種少量生産方式」

大野耐一(たいいち)(1912～1990)は，第二次世界大戦後から30余年の歳月をかけ，多くの弟子たちとともに現場における実践のなかでトヨタ生産方式[5]を創り上げた．それらは，オイル・ショック時以来の四半世紀の間に「JIT production system」あるいは「Kanban system」として全世界に広く普及し定着した(詳細は第8章を参照)．さらにJIT生産システムは，製造業の復権を目指した米国を中心に80年代後半から活発な理論的研究が行われ，マサチューセッツ工科大学から1990年に提唱されたリーン(Lean)生産システムの原点ともなった．

大野は中国大連に生まれ，1932年，名古屋高等工業学校(現在の名古屋工業大学）機械工学科を卒業し，豊田紡織㈱へ入社した．その後，豊田紡織などの合併による中央紡績㈱が戦時下のため吸収されて，1943年，トヨタ自動車工業㈱に移籍した．ここで豊田佐吉（1867～1930）と長男・喜一郎（1894～1952）によるトヨタ自動車工業㈱設立までの歩みを簡単に振り返る．

1902年豊田商会が創立され，1918年に豊田紡織㈱設立，1924年無停止杼換式豊田自動織機（G型）完成，1926年には㈱豊田自動織機製作所が創立された．1929年に英国プラット社へ自動織機の特許権を10万ポンド（時価100万円）で譲渡し，その資金をもとに1933年㈱豊田自動織機製作所に自動車部を設置し，1937年トヨタ自動車工業㈱設立となった．G型自動織機（図3.2）は，横糸がなくなると自動的に糸が補給され，縦糸が切れると自動的に停止し，動いている限り不良品を生産することはない画期的な機構を備えている．このように良品のみを生産するという理念は，トヨタ生産方式の柱の一つである，ニンベンのある「自働化」の原点となっている．このG型自動織機の集団運転が，喜一郎生誕100周年を記念して設立されたトヨタ産業技術記念館で行われている．

1945年，敗戦の日に豊田喜一郎社長は「3年で米国に追いつけ」と決意表明を行った．この言葉を受け，1947年に大野は製造第2機械工場主任となり，「手待ちのムダ」を排除した機械の2台持ち，3台持ちを実施し，1949年には第2機械工場長となって，多台持ちを行った．1954年に取締役に就任した大野は，機械工場内でかんばん方式を導入し，1959年に元町工場長に就任すると，機械－プレス－組立工程

図3.2　G型自動織機

間でかんばん方式を運用した．そして，1962年に本社工場長に就任すると，かんばん方式とアンドン方式(詳細は第8章を参照)を全社規模で実施し，多工程持ちを行った．1964年に大野は，常務取締役に就任し，その後すべての購入部品の納入にかんばん方式を導入すると，1969年には生産管理部に生産調査室を設置して，トヨタ生産方式の普及・指導に努めた．1970年専務取締役に就任し，1971年には1000tプレスの段取時間を10分未満(シングル段取とよばれる)に短縮した．さらに，1975年には副社長に就任し，1976年にはトヨタ生産方式自主研究会を設立した．このように，大野は自身の権限の及ぶ範囲内でトヨタ生産方式を発展させ，1978年には相談役，1981年には㈳日本経営工学会第17期会長を歴任している[2]．

3.2　生産における予測と計画

企業活動では，需要予測のもと生産計画が立てられ，実際の生産活動が進められる．以下では，生産予測を行うための中核をなす需要予測について，代表的な手法を解説する．また，原材料などの資源制約を考慮した場合における生産計画の手法や資材所要量計画について紹介する．

(1)　需要予測手法

予測手法には種々の手法が開発されており，例えば以下に示すとおり，6種類に分類できる[2]．

①　時系列分析による予測　④　実態調査による予測
②　回帰分析による予測　⑤　アンケート調査による予測
③　経済学モデルによる予測　⑥　関連製品からの類推による予測

ここでは，時系列データを活用した代表的な需要予測手法を紹介する．

1)　移動平均法(Moving average method)

最近のデータから逐次傾向線を求めて，更新していく手法の一つである．単純移動平均法，二重移動平均法などがあり，ボックス・ジェンキンス法も移動平均法の一般化である．

単純移動平均法は，直近 N 期間における需要(D_t, D_{t-1}, …, $D_{t-(N-1)}$)の平均値 $\overline{D}_t$ を求め，その値を次期の予測値とする．

$$\overline{D}_t = \frac{\sum_{j=0}^{N-1} D_{t-j}}{N} = \overline{D}_{t-1} + \frac{D_t - D_{t-N}}{N}$$

単純移動平均法を用いれば時系列データに含まれる不規則変動は除去できるが，傾向変動はデータの変化を遅れて追うことになる．

2)　指数平滑法(Exponential smoothing method)

指数平滑法は，データを加重平均した加重移動平均法の一種であり，最近のデータに重みを置いた予測手法である．

指数平滑法による第 $t+1$ 期の予測値を X_{t+1} とすれば，

$$X_{t+1} = X_t + \alpha(D_t - X_t) = \alpha D_t + (1-\alpha)X_t$$

となる．ここで，α は平滑化定数であり，$1-\alpha$ は減衰率とよばれ，$0 < \alpha \leqq 1$ である．

(2)　線形計画法による生産計画

一般に生産計画は，「期間生産計画」,「月度生産計画」,「日程計画」の3つに分けられる．製造業にとって利用可能な資源(原材料や設備，労働力など)には限度があるため，これを有効に配分して利用すること，つまり，生産予測にもとづき，できるだけ高い効果(生産性や収益性)を獲得することが求められる．

生産計画の基本的な意思決定事項は，次の2つである．

①　生産の対象となる品種

②　その品種の生産量

以上の理解を深めるために，以下の【例題】を考えてみよう．

【例題】

2種類の製品A，Bを生産している工場の生産計画問題を考える．

1単位当たりの利益が3万円の製品Aを1単位生産するためには，原材料1単位と労働力1単位を必要とし，1単位当たりの利益が4万円の製品Bを1単位生産するためには，原材料1単位と労働力2単位を必要とする．工場で利用可能な原材料と労働力は各々3単位と5単位である．このとき，製品A，Bを各々どれだけ生産すれば総利益は最大となるか．

この【例題】において，製品Aの生産量をx_1，製品Bの生産量をx_2とし，目的関数として最大化する総利益をzで表すと，この生産計画問題は，以下のように定式化される．

最大化　：$z=3x_1+4x_2$　（総利益）

制約条件：$x_1+x_2 \leqq 3$　（原材料）

$x_1+2x_2 \leqq 5$　（労働力）

$x_1,\ x_2 \geqq 0$　（非負条件）

zを最大にする点を最適解x_1^*，x_2^*とよび，最大利益をz^*で表す．

このように，目的関数と制約条件ともに1次式(線形)である問題を，線形計画問題(Linear Programming Problem)とよび，その解法を線形計画法(Linear Programming：LP)とよぶ．LP問題においては，①唯一の最適解をもつ場合，②複数の最適解をもつ場合，③非有界な最適解をもつ場合，④実行不能解をもつ場合が存在する．

上述の生産計画問題の図式解法として，横軸をx_1，縦軸をx_2として目的関数と制約条件を示したグラフを作成すると，図3.3のようになる．

座標値を読むか連立方程式を解くことにより，最適解$x_1^*=1$，$x_2^*=2$と最大利益$z^*=11$を得る．ここで，変数の数が3を超えると線形計画問題の図式解法は不可能であるから解析的に解くことになり，その代表的な解法としては，シンプレックス法(Simplex method)などがある．

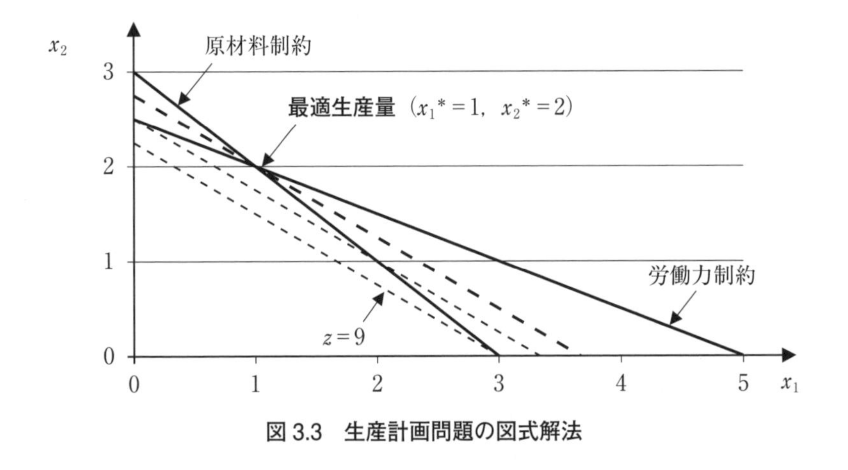

図 3.3　生産計画問題の図式解法

(3)　MRP システム（Material Requirement Planning System）

MRP（資材所要量計画）は，1960 年代後半からコンピュータを用いた生産管理システムとして米国で発展してきた．狭義には単なる資材計画，広義には生産計画から統制までを含めた意味をもつ．

MRP では「何を，いつ，いくつ，どこで生産するか」を論理的に計画するために，「独立需要と従属需要」,「タイムフェイズとタイムバケット」の概念を導入している．その計算ロジックの明快さ，ならびにタイムフェイズによる統合化が可能であることから，コンピュータの性能向上と情報・通信ネットワーク技術の発達にともなって広く使われるようになり，生産システムにおける工程管理システムの世界標準ともいえるシステムとなった．また MRP システムは，基準生産計画（Master Production Schedule：MPS）にもとづいて生産活動が展開されるため，押し出し（Push）型生産方式ともよばれ，以下のような特徴を有する．

① 計画重視のシステムであり，生産計画立案の段階で製造活動の実行可能性をチェックする．

② 連続した時間を小期間に区切るタイムフェイズされたタイムバ

ケット(1週間などの単位)による統合型管理システムである.

③ 精度のよい実績データの計画立案への反映が重要となる.

④ タイムバケット内の管理には，スケジューラなど，別の管理ツールが必要となる.

⑤ 生産管理システムを構成するうえで，部品表(Bill Of Materials：B/M，BOM)が基礎となる．部品表は，ストラクチャー型とサマリー型に大別されることが多い.

3.3 生産ラインの分類

生産システムの形態を製品の需要との関係において分類した場合，①注文によって生産を行う「受注生産」と，②需要に対する見込みによってあらかじめ生産を行う「見込生産」がある.

これらの生産を行うための生産方式は，以下のとおり大別される.

(1) 個別生産方式

受注生産に対応しており，生産品目や製品の種類が多く，製品数量や納期が注文により多様である．生産設備は，多様な製品が生産できる汎用性と柔軟性を有し，単一工程から多工程にわたり，製品ごとに治工具(加工や組みつけの際，部品の位置決めなどに使用する道具)を取り替えるなどの段取りを必要とする．この作業者は，熟練を要し，高度な生産技術をもつ．また，工程・機種別レイアウト形態をとる.

(2) ライン生産方式

量産方式ともよばれ，フォード・システムに始まる3S(Standardization(標準化)，Specialization(専門化)，Simplification(単純化))を製品，工程，技術，管理について推し進めた方式である．理想的には，見込生産で製品の生産量が多く，市場が安定し，製品寿命が長く，設計変更が少ないときに採用される．

この方式では，製品や仕掛品はベルトコンベアなどで1つの工程の作業が終わると次工程へ送られる．通常，製品工程は標準化され，自動生産ラインが多く，作業順のレイアウト形態をとる．そして，特定の品種の生産のために設置された専用のラインで連続的に繰り返し生産を行う．このとき，製品が完成するまでに必要な一連の作業をいくつかの「要素作業」(次節を参照)に分け，作業手順に従って工程をラインに配置する．

ライン生産方式を品種数から分類すれば以下のようになる．

① 単一品種ライン生産方式：専用ラインによる大量生産方式であり，3.1節で述べたフォード・システムが代表的である．

② 多品種ライン生産方式：多品種を同一ラインで生産する方式であり，以下の2つのタイプに分類される．

a) ライン切換方式(後述のロット生産方式)：計画期間をいくつかの小期間に分けて，小期間では専用ライン生産方式をとる．

b) 混合品種ライン生産方式(混合ライン生産方式あるいは混流生産方式とよばれる)：作業手順が同じ複数の品種を混合し連続的に生産する．各品種の投入間隔であるサイクルタイムについて，固定サイクル投入と可変サイクル投入方式に分けられる．

ライン生産方式においては，「未熟練者でも生産性を落とさない」，「仕掛品や製品の運搬の手間がない」などの長所がある一方で，作業者の充実感・達成感の阻害などの短所がある．また，これらの短所と製品寿命の短命化により「1人・チーム生産方式」が注目を浴びている．これは「U字型ライン」，「多能工」，「1個流し」というJIT生産方式(第8章)における特徴を受け継いだものである．

(3)　ロット生産方式

プレス工程などでは，技術的あるいは経済的な制約から，同一部品や製品は，ロット(Lot)とよばれる単位ごとにまとめて生産される．生産はいくつかの工程に分割され，各工程で加工される仕掛品(完成品になっていない中間生産物)は，ロット単位で加工され，まとめて次工程へ送られる．ライン生産方式においてはライン切換方式とよばれ，連続生産方式においては，バッチ生産方式ともよばれる．例えば，部品 a, b, c をそれぞれ用いて製品 A，B，C をロット生産する場合は，図 3.4 のように，それぞれの製品をまとめて生産することとなる．

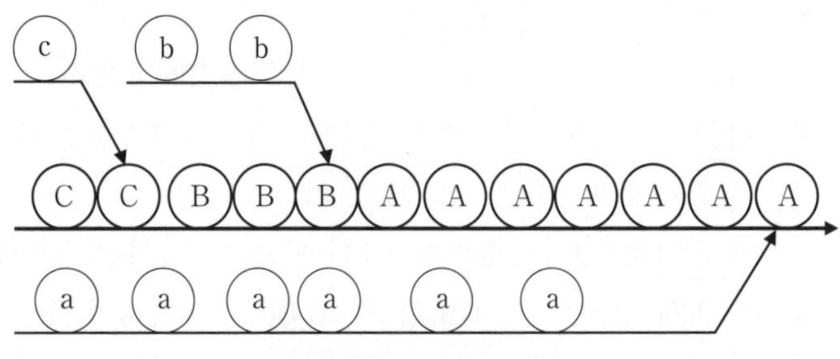

図 3.4　ロット生産(例)

ここで，ある品種から他の品種の生産へ切り替えるために必要な準備作業を段取替(Setup, Change-over)とよび，そのための時間を段取時間(Setup time, Change-unit)とよぶ．次の段取替までの生産の連なりを製造連(Manufacturing run)，その時間長を製造連の長さ，生産される生産量を 1 ロット，その数量をロットサイズ(Lot size)とよぶ(図 3.5)．

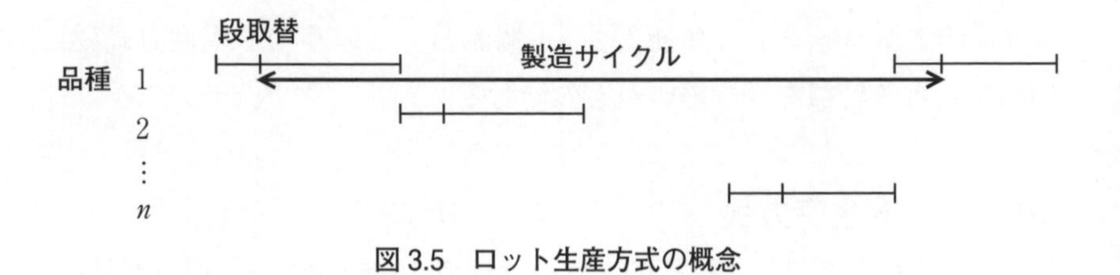

図 3.5　ロット生産方式の概念

3.4　工程設計

(1)　工程設計の基礎

フォードの開発した総合的同期化流れ生産方式は，大量生産を行うための効率的な生産システムの基礎を築いた．今日のさまざまな生産システムにも，その形態は受け継がれ，「いかにライン生産を効率的に行うことができるのか」は，工程を設計するうえで重要な課題といえる．

ここでは，単一品種ライン生産方式における固定サイクル投入方式を考えることとする．サイクルタイム(Cycle time) c は，製品が完成してラインから送り出されていく時間間隔であり，「T：計画期間中の稼働予定時間(生産期間)」，「Q：計画期間中の生産計画量」とすれば，サイクルタイムは，以下のようになる．

$$c = \frac{T}{Q} \tag{3.1}$$

対象とする製品を1個生産するのに要する作業時間を総作業時間とよび，それを T_w で表すとき，必要となる作業工程数 n の下限値 n_0 は，以下のように与えられる．

$$n_0 = \left[\frac{T_w}{c} \right] \tag{3.2}$$

ここで $[x]$ は，x より小さくない最小の整数と定義し，例えば $[2.5] = 3$ となる．1個の製品を生産する作業は，複数の要素作業(Work element)に分割できる．ここで，要素作業とは，それ以上分割すれば不合理な割当が生じる限界まで分割された作業である．例えば，「ボルトをとって，はめる．スパナをとって，ボルトを締めつける」，「ねじを取ってねじ穴にはめ，ドライバーで締めつける」といった一連の作業である．

それぞれの要素作業を行うのに必要な標準時間を要素時間(Element time)とよぶ．ここで，m を要素作業数，τ_i（タウ）を i 番目 $(i = 1, \cdots, m)$ の要素時間であるとし，$\max \tau_i \leq c$ を仮定する．作業時間には加法性が成立し，以下の式が成り立つ．

$$T_w = \sum_{i=1}^{m} \tau_i \tag{3.3}$$

要素作業間には，技術的な制約などから「要素作業 j の前に i を終わっておかなければならない」といった先行関係(Precedence relation)が存在する．この関係を $i<j$ と表すと，i を j の先行要素(Predecessor)，j を i の後続要素(Successor)とよぶ．例えば，このような先行関係は，図3.6 に示される先行順位図(Precedence diagram)で表される．ここで図3.6 中の円は要素作業を表し，円内にある数字は要素作業の番号を，円の右肩にある数字は要素時間を表している．

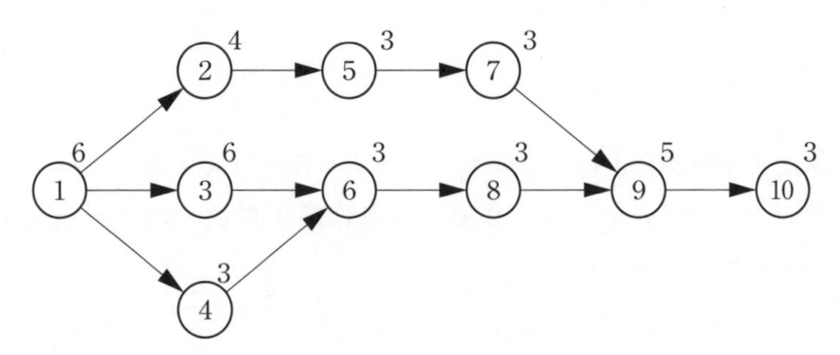

図 3.6 先行順位図(例)

(2) ラインバランシング問題(Line balancing problem)

サイクルタイムの制限や要素作業の先行関係などの制約条件を満たしながら，すべての要素作業を各作業工程(Work station)に割り当てる問題をラインバランシング問題とよぶ．その最も基本的な問題は，作業工程数を最小化する作業編成を求めることである．ここで，「$S(k)$：先行関係を満たす工程 $k(=1, \cdots, n)$ に割り当てられた要素作業の集合」と置けば，$S(k)$ は以下の条件を満たさなければならない．

$k \neq l$ に対して，

$$S(k) \cap S(l) = \phi(\text{空集合}),\quad \bigcup_{k=1}^{n} S(k) = \{1, \cdots, m\} \text{であり}$$

$$i<j,\ i \in S(k),\ i \in S(l) \text{ならば} k \leq l \tag{3.4}$$

となる．ここで，「t_k：工程 k の作業時間」，「d_k：工程 k の遊び時間」と置けば，$k=1, \cdots, n$ に対して，以下のようになる．

$$t_k = \sum_{i \in S(k)} \tau_i \leq c \tag{3.5}$$

$$d_k = c - t_k \tag{3.6}$$

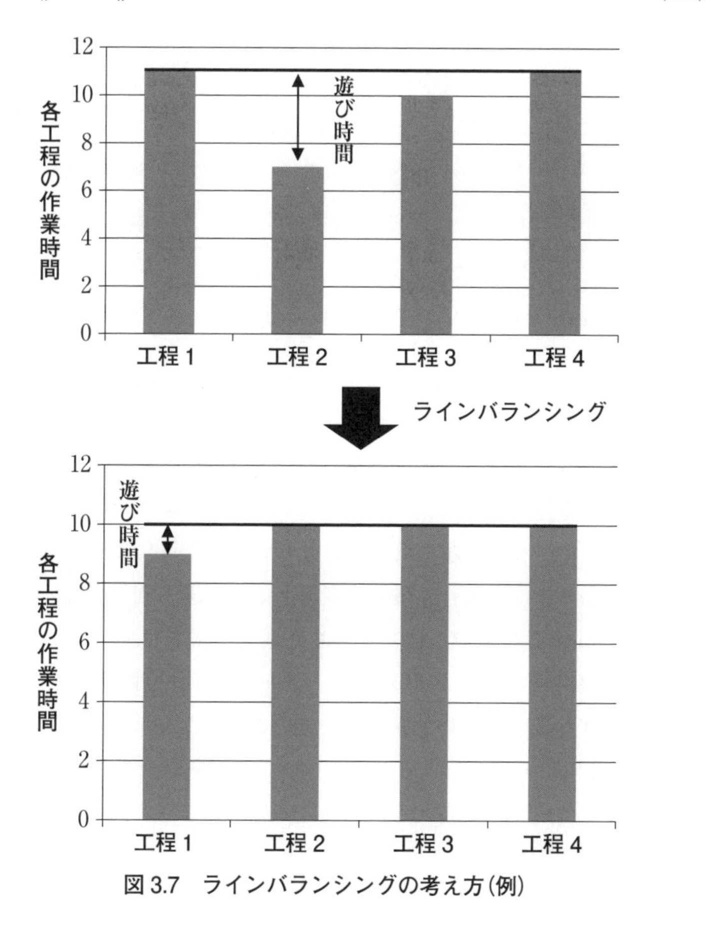

図 3.7　ラインバランシングの考え方（例）

作業編成の評価関数としては，遊び時間の比率を示すバランス遅れ(BD：Balance Delay)(バランスロスとも呼ばれる)や

$$BD=\frac{\sum_{k=1}^{n} d_k}{nc}\times 100=\frac{\sum_{k=1}^{n}(c-t_k)}{nc}=\frac{nc-T_w}{nc}\times 100 \tag{3.7}$$

編成効率(E で表す)とよばれる以下の式がよく使われる.

$$E=\frac{T_w}{nc}\times 100 \tag{3.8}$$

通常，$BD<5\%$，$E\geqq 95\%$ ならば良好と見なされる．このように，ラインバランシング問題においては，編成効率あるいはバランスロスを考慮した生産ラインの工程設計が求められる(図3.7).

ラインバランシング問題は，組合せ最適化問題(Combinatorial optimization)であり，その解法には大別して，分枝限定法や動的計画法などを用いた最適解法(Optimization method)と，何らかの発見的方法(Heuristic method)を用いて短い計算時間で解く近似解法がある.

【演習問題】

(1)　フォードシステムとスローンシステムについて比較しなさい.

(2)　ライン生産方式とロット生産方式の長所と短所を比較しなさい.

(3)　3.2節(生産計画問題の【例題】)において，工場における原料の利用可能量が4単位の場合，最適生産量とそのときの利益を求めなさい.

(4)　1週40時間稼動で，週当たり650個の製品を供給したい．このときの理論的最小サイクルタイム c を求め，総作業時間が13.7分の場合における最小の作業工程数 n を求めなさい.

(5)　図3.6において，$c=11$，$n=4$ として工程を設計する場合に考えられる作業編成と，そのときの編成効率を求めなさい.

第 4 章
在庫管理システム

企業の生産・物流・販売の現場においては，製品，部品，または原材料などが一時的にある地点で滞留する場合がある．このように，生産・物流・販売などにおいて，ある位置にとどまっている製品や部品などを在庫(Inventory)あるいはバッファ(Buffer)とよぶ．

4.1　在庫管理の基礎概念

生産過剰のときは在庫が増え，在庫にかかわる費用が発生する．これに対して，生産量不足のときには品切れが発生し，その分だけ販売利益を逃すことになる．品切れを防ごうとすれば在庫を増やすことになるが，その半面，在庫の費用は減らしていかなければならない．

このように，在庫管理問題ではさまざまな要素を考慮する必要があるため，図 4.1 に示されるように，需要構造，費用構造，観測・発注構造の 3 つの側面からの検討が必要となる [1]．

(1)　在庫の挙動

図 4.2 は，在庫量があらかじめ決められたある値 s(発注点)になったときに，決められた発注量 Q の発注を行う在庫管理システムにおいて，時間の経過に対する在庫量の挙動をグラフで示したものである．

製品や部品を発注して納入されるまでの間隔は，調達期間(納入リードタイム)L で表し，発注から次の発注までの期間(発注周期)を R で表

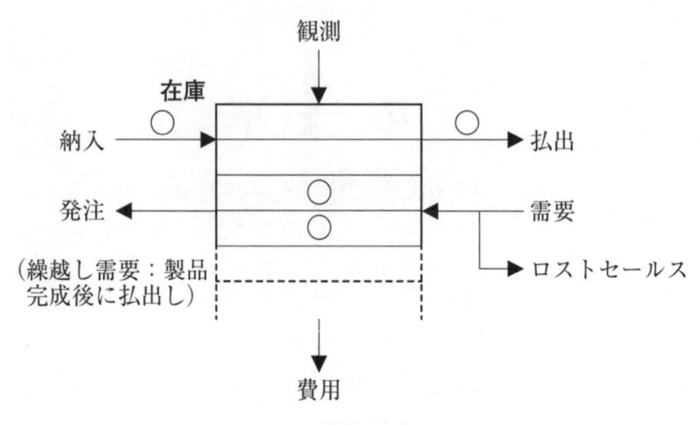

図 4.1　在庫管理問題

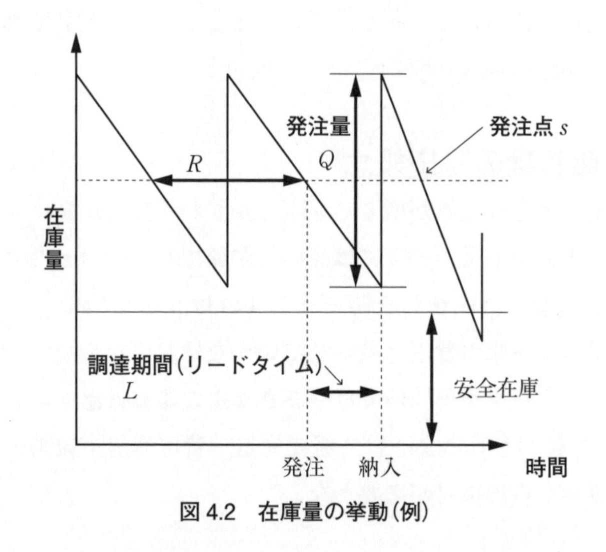

図 4.2　在庫量の挙動(例)

している．また，需要の変動を考慮して，品切れを避けるためにあらかじめ確保しておく在庫量を安全在庫量(Safety stock)とよぶ．

(2)　安全在庫量と品切れ確率

安全在庫量は，単位時間当たり平均需要量 D とリードタイム L のもとで，需要分布と品切れ確率 p に対応する安全係数 n_p を考慮して決定される．需要が平均 LD，分散 $L\sigma^2$ に従う正規分布 $N(LD,\ L\sigma^2)$(7.1 節)である場合，安全在庫量を SS で表すと，次式によって SS が求められる．

$$SS = n_p \sqrt{L}\,\sigma \tag{4.1}$$

安全係数 n_p は，品切れが生じる確率 p に対応して，標準正規分布表(付表 1)から，表 4.1 のように与えられる．

表 4.1　安全係数表

品切れ確率 $100p$	1%	2.5%	5%	10%
安全係数 n_p	2.326	1.960	1.645	1.282

また，一般に発注点(Reorder point) s は次の式で決められる．

$$発注点\ s = リードタイム中の需要推定量(LD) + 安全在庫(SS) \tag{4.2}$$

【例題】

リードタイム(調達期間) $L=4$ 日間の発注点方式で，その期間中の需要が平均 500 個，標準偏差 100 個の正規分布に従うと仮定し，品切れ確率 2.5% とする場合の安全在庫 SS と発注点 s をそれぞれ求めなさい．

上記の【例題】の考え方は，以下のとおりである．

$$安全在庫量\ SS = n_{0.025} \times \sqrt{100^2} = 1.960 \times 100 = 196$$

$$発注点\ s = 500 + 196 = 696(個)$$

(3)　ABC 分析

在庫管理の対象とする品目は多種多様であり，すべての在庫品目を同様に取り扱うことは，管理上，非効率となる場合がある．重点管理の考え方のもと，効率的に在庫を管理するために在庫管理の対象とする品目を 3 ランクに分類して取り扱う手法を ABC 分析(ABC analysis)とよぶ．

ABC分析の評価尺度として，ある期間における各品目の払出金額（＝単価×払出し量）をとることとすれば，次の手順により，図4.3のパレート図[1)]を作成する．

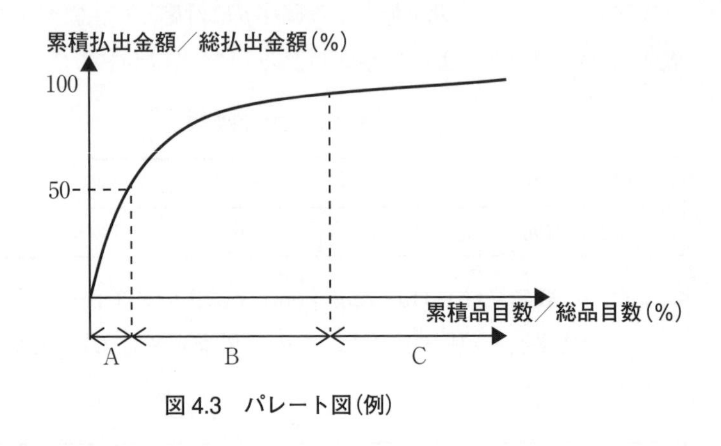

図4.3　パレート図（例）

① 各品目を払出金額の大きい順に並べ替え，総品目数とそれら払出金額の総額を求める．

② 横軸に並べ替えた品目順に，「その品目までの累積品目数／総品目数（%）」をプロットし，縦軸に，「その品目までの累積払出金額／総払出金額（%）」をプロットする．

3ランクへの分類については，横軸の5～10%の範囲で縦軸の50%近辺を超えるまでの品目をAランクとし，横軸の50%程度までを占める品目をBランクに類別し，残りをCランクとする区分が標準的であるが，産業分野によっても異なることがある[1]．

各ランクの在庫管理では，一般的には次節で述べる各種方式を適用した効率的管理が求められる．Aランクの品目については，重点管理が

1）　パレート図は，後述する品質管理を始め多くの分野で最重要な項目を類別するための手法であり，イタリアの経済学者パレート（V. Pareto，1848～1923）にちなんで名づけられた．一般に20%の重要品目が80%の累積払出金額を占めるといわれている．

できる「定期発注方式」で管理する．また，B ランクの品目については，A ランクより高価ではなく調達期間を極力短縮できる「定量発注方式」で管理する．そして，残りの C ランクの品目については，管理費の節約ができる「ダブルビン法(複棚法)」などで管理する．

次節では，上記の各在庫管理方法などについて概説する．

4.2　代表的な在庫管理方式

(1)　定期発注方式

定期発注法は，例えば「2 日ごとに必要な量だけを発注する」といったように定期的に発注を行う方式で，ABC 分析における A の品目群を管理するのに用いられる．高価で稀にしか売れない製品については，品切れが起きないように発注量を管理することが重要である．そのためには，製品が納入される期間までの需要を予測し，それ以上に製品が売れた場合は発注量を増やす．単位時間当たり平均需要量 D，調達期間 L，発注周期(サイクル)R としたとき，発注量は次式で表される(図 4.4)．

$$発注量 = (L + R) \times D - 発注残 - 手持在庫量 + 安全在庫量$$

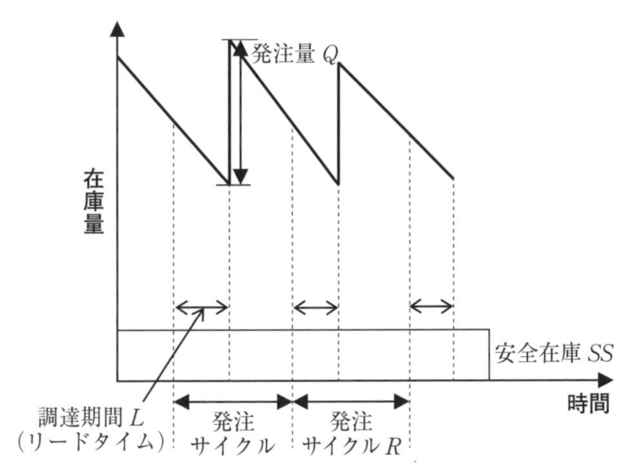

図 4.4　定期発注方式(例)

(2) 定量発注(発注点)方式

例えば「在庫量が10個になったら発注する」というように，あらかじめ決められた発注点sに在庫量が達したときに発注量Qを発注する方式で，ABC分析のB品目群を管理するために用いられる(図4.5)．あらかじめ定めた在庫水準に達した時点(発注点)で，機械的に一定量の発注を行うため，発注点法ともよばれる．この方式では，発注量Qと発注点sを決める在庫水準が重要になる．

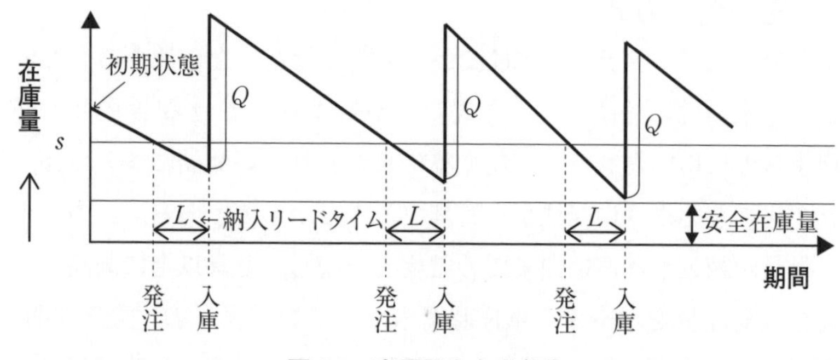

図4.5　定量発注方式(例)

(3) ダブルビン法

ダブルビン法は「ツービン法」,「2ビン法」あるいは「複棚法」とよばれている．1つの品目に関して同じ収容量Q単位である2つの箱(棚・ケース)を用いて在庫管理を行う管理方式であり，ABC分析のC品目の管理に用いられる．

実際の管理方法としては，1つ目の箱から在庫を使用し，その箱の在庫がなくなったら箱の収容量Qを発注するとともに，2つ目の箱の在庫を使用する．これを繰り返すことで，管理の手間をかけることなく品切れを防ぐことができる．したがって，ダブルビン法においては，最大在庫量$2Q$となり，発注点＝発注量＝Qである特別な場合の定量発注方式であるということがいえる．

(4)　エシェロン在庫

多段階工程において，その工程を含めて下流(市場に近い側)すべてに存在する在庫量の和をエシェロン在庫とよぶ．1960 年の A. J. Clark と H. Scarf [2] による在庫の概念である．

図 4.6 に示される多段階工程において，工程 2 のエシェロン在庫は，工程 2 から小売店までに存在するすべての在庫量の和である．これによって，各工程は自工程から下流まで，最終顧客の要求を含めた在庫動向について把握することが可能となる．したがって，各工程が独立に発注を行う場合に比べて，各工程の在庫量を削減することができる．

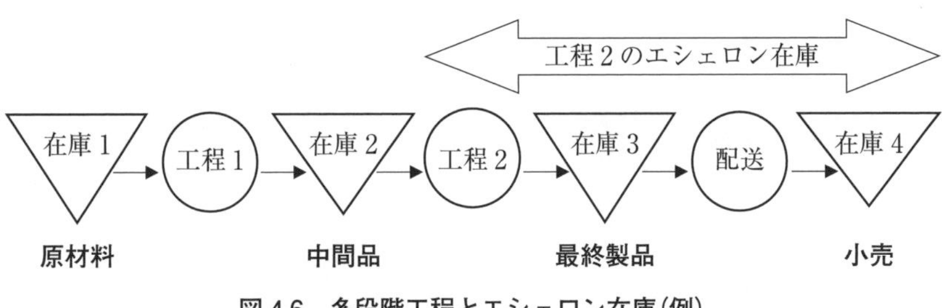

図 4.6　多段階工程とエシェロン在庫(例)

4.3　経済的発注量(EOQ)

発注量 Q を決定する際には，在庫補充に関わる「発注費用」と在庫納入後の保管に伴う「在庫維持費用」を考慮したうえで，総費用の最小化が求められる．本節では，両者のトレードオフ関係で定まる最適発注量として，経済的発注量(Economic Order Quantity：EOQ)を解説する．

ここでは，単位時間当たり需要量を D と仮定し，品切れは許されず，在庫がなくなれば一定の発注量 Q を発注し，ただちに製品が納入されるものと仮定する．ここで，発注量 Q のときの総費用を $TC(Q)$ と置き，以下の費用係数を定義して，総費用を最小化する経済的発注量を求める．

- C_o：1 回当たりの発注費用

- C_p：製品1個当たりの購入費用
- C_h：単位時間における製品1個当たりの保管(維持)費用

単位時間当たり需要量はDで一定量Qずつ発注するから，単位時間当たりD/Q回の発注が行われる．したがって，単位時間当たり発注費用は「$C_oD/Q+C_pD$」となる．また，Qを発注すれば在庫量が0になるまでにQ/D時間かかり，この間の平均在庫量は，Dによらず最大在庫量の半分$Q/2$となる．したがって，単位時間当たり保管費用は$C_hQ/2$であり，単位時間当たり総費用$TC(Q)$は，以下の式で与えられる．

$$TC(Q)=C_oD/Q+C_hQ/2+C_pD \tag{4.3}$$

総費用$TC(Q)-C_pD$は，図4.7に示されるように，$C_oD/Q=C_hQ/2$を満たす点で最小となり，経済的発注量(EOQ)Q^*は以下のようになる．

$$EOQ：Q^*=\sqrt{\frac{2C_oD}{C_h}} \tag{4.4}$$

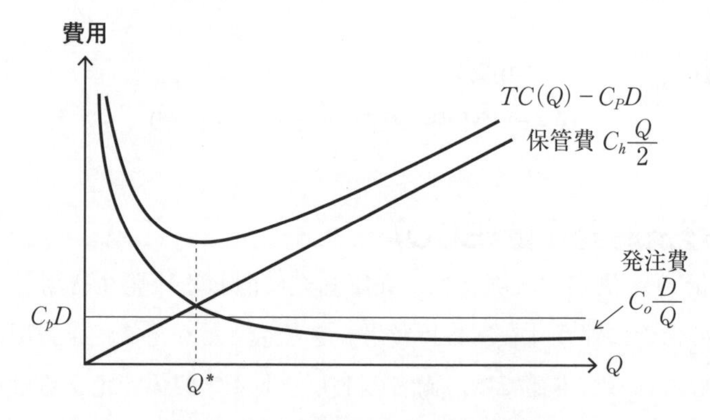

図4.7　EOQモデルにおける費用関係

4.4 工程管理システム

生産システムにおいては，それぞれ異なる製品の品種，生産数量のもと，適切な工程管理の方式が求められる．本節では，在庫管理の視点から生産システム運用のための代表的な工程管理システムを紹介する．

(1)　製番管理方式(Order control system)

「製造命令書を発行するときに，その製品に関するすべての加工と組立の指示書を準備し，同一の製造番号をそれぞれにつけて管理を行う方式」(JIS Z 8141：2011)[3] である．個別生産のほか，ロットサイズの小さい場合に用いられることが多い．この方式では，製造番号ごとに必要な原材料や部品が必要なだけ手配されるので，基本的には製品在庫や中間在庫をもたない工程管理システムといえる．

(2)　常備品管理方式(Stock control system)

原材料，部品，製品を常備品として常に一定量を保管する工程管理システムである．常備品在庫は常に一定の消費があるので，品切れリスクおよび過剰在庫のリスクを考慮し，一般に EOQ による発注など，バランスをとった管理が求められる．

(3)　追番管理方式(Serial number control system)

継続的に生産する完成品の数量を累計生産量で管理する方式で，号機管理方式ともよぶ．最終製品の累計生産量に等しい一貫番号を製造番号(追番または号機)としてすべての製品につけ，これを用いて現品管理や進捗管理を行う方式である．

(4)　流動管理方式(Flow control system)

各工程が基準となる在庫(バッファ)を確保し，「当期仕込量」(＝当期生産量＋基準仕掛量－前期仕掛量)に従い，在庫を供給し生産を統制する方式である．この方式では，各工程で基準仕掛量が確保されるので，常に一定量の仕掛在庫が存在することとなる．したがって，基準仕掛量の見直しを適切に行う必要があり，あえてその量を削減することにより，後述するかんばん方式(8.3 節)のかんばん枚数の削減同様，問題の顕在化を行うことが工程管理を実施するうえで重要となる.

(5)　部品中心生産管理方式(Parts-Oriented production management system)

品種の異なる製品であっても，部品の共通性に着目し，需要予測による一次情報にもとづき先行して部品を見込生産することで，適正水準の在庫を保有し，確定受注である二次情報によって，それらの部品を組み合わせることで，顧客の多様な需要に応じる方式を部品中心生産管理方式とよぶ[4]．これは，モジュール生産方式ともよばれ，以下の利点が挙げられる.

① 受注から納入までのリードタイムが大幅に短縮される.
② 需要の多様化に経済的に対処できるようになる.
③ ロットサイズを変更し，部品生産の効率性を向上させる.
④ 設計段階で部品共通化を図り，共通部品を使用することにより，部品在庫量を低減できる.

【演習問題】

(1) 定期発注方式と定量発注方式の特徴を述べ，比較しなさい.
(2) ダブルビン法について，縦軸に在庫量，横軸に時間をとり，在庫の挙動を示しなさい.
(3) 4.1節(安全在庫量の【例題】)において，品切れ確率pを0.05として，安全在庫量と発注点を求めなさい.
(4) 単位時間当たり需要量が1000個，1回当たりの発注費用2,000円，単位時間における製品1個当たりの在庫保管費用100円の場合に，EOQを求めなさい.

第 5 章
品質管理システム

わが国における品質管理は，全社的品質管理(Total Quality Control：TQC)として独自の発展を遂げ，TQM(Total Quality Management)と呼称を変え，日本的モノづくりシステムを代表する革新的管理手法の1つとして国際競争力の源泉となった．

本章では品質管理の歴史，定義に始まり品質保証の基礎概念およびISO 9000シリーズといった国際標準規格などについて概説する．

5.1 総合的品質管理(TQM)

(1) 統計的品質管理

JIS Q 9000で品質は，「本来備わっている特性の集まりが要求事項を満たす程度」と定義されており，日本品質管理学会では，品質／質は，「製品・サービス，プロセス，システム，経営，組織風土など，関心の対象となるものが明示された又は暗黙のニーズを満たす程度」と定義されている．また，ジュラン(J. M. Juran，1904～2008)[1)] は，品質を「使用者の要求を満足させる使用適合度(fitness for use)」と定義している．

このように，品質は，消費者(使用者)が主観的に評価する主観的品質，

---

1) 後に示すように彼が1954年に来日した際，経営者・管理者対象のセミナーを行い，当時製造や検査の範囲に限られていたSQC(統計的品質管理)の考え方を拡大し，経営の道具として位置づけ，日本の産業界に多大な影響を与えて，TQCへ続く基礎を作った．第1章で述べた螺旋のPDCAサイクルの提唱者はジュランといわれており，ジュラン・スパイラルといわれることもある．

その製品が本来備えている客観的品質・仕様，製造者が実際に作り出す製造品質など，いくつかの観点からの見方が存在する．本章で対象とするのは，製造品質としての品質であり，製品が完成するまでの過程において発生する問題の処理についてである．

品質管理の研究は，1924年に米国ベル研究所のシューハート(W. A. Shewhart, 1891 ～ 1967)による製品のばらつきの研究から開始された．製品のばらつきにはその製品の部品や材料の特性の変動から生じる偶発的なもの(共通要因)と，生産工程で生じる見逃せない原因によるもの(特殊要因)があることを見い出し，統計的にこれらの2つの変動を管理図により区別して，工程の異常を検出する管理図法を提案した．そこでは，統計的な観点から管理限界が求められ，限界内での変動は偶発的原因によるものとされた．彼の執筆である *Economic Control of Quality of Manufactured Product* が1931年に出版されている [1]．

また，1930年頃からの統計学を利用した統計的抜取り検査の研究により，ダッジ(H. F. Dodge)とロミッグ(H. G. Romig)は，大きなロットサイズの部品の受入検査での手数を簡略化するため，少数の資料を抜き取って検査を行い，その結果によって元のロットの受入を決定するための抜取検査法を提案した．これらの品質管理手法は，その基礎を統計においており，統計的品質管理(Statistical Quality Control：SQC)を形成することとなる．

これらの方法は，後に標準的な方法として工業規格に組み込まれた．その最初のものが，1935年のピアソン(E. S. Pearson)らの提唱による英国工業規格B.S.600である．一方，1941 ～ 42年に，管理図法などが米国において戦時規格Z1.1(Guide for Quality)，Z1.2(Control Chart Method of Analyzing Data)，Z1.3(Control Chart Method of Controlling Quality During Production)として制定された．これらは，第二次世界大戦において連合国側の圧倒的な物量を支える大きな要因となった．

(2)　日本における品質管理

SQCは，第二次世界大戦後の1946年に占領軍によるCCS(Civil Communication Section：民間通信局)の経営者講座の一環として教育され，電気通信関係の日本企業へ導入された．1947年より日本科学技術連盟(Union of Japanese Scientists and Engineers：JUSE)および日本規格協会(Japanese Standards Association：JSA)によって，品質管理(Quality Control：QC)の普及活動が始められて，1949年の工業標準化法の制定によるJIS(Japanese Industrial Standards：日本工業規格，現 日本産業規格)の発足とともに急速に普及することとなった．

また，1950年にデミング(W. E. Deming, 1900～1993)(図5.1)[2]が来日し，1954年にはジュランが来日して，経営者・管理者を対象に2人がそれぞれ行った教育活動は，日本産業界の品質管理活動に対する刺激となった．1951年には，品質活動で業績を上げた企業や研究者を表彰するデミング賞が設定され，今日ではデミング賞，デミング賞本賞，デミング賞大賞，デミング賞普及・推進功労賞(海外)が授与されている．

図5.1　デミング

このように，SQCを中心に発展したわが国の品質管理は，1960年代に入って統計的方法に加えて，管理の草の根運動的なQCサークル活動(小集団改善活動)(6.2節)を全国的に組織することとなった．QCサークル活動(小集団改善活動)の初期は米国におけるZD(Zero Defects)運動にならって，顧客に良い品質の製品を提供する活動が基になっており，やがて日本独自の全社的品質管理(Total Quality Control：TQC)へと発展していった．このような活動の結果，1987年にはTQCの特徴として，次の10項目が挙げられるに至った[1]．

①　経営者主導での全部門，全員参加のQC活動の実施

② 経営における品質優先の徹底

③ 方針の展開とその管理

④ QC の診断とその活用

⑤ 企画・開発から販売・サービスに至る品質保証活動

⑥ QC サークル活動(小集団改善活動)

⑦ QC の教育・訓練

⑧ QC 手法の開発・活用

⑨ 製造業から異業種への拡大

⑩ QC の全国的推進活動の展開

さらに 1996 年 4 月，日本科学技術連盟は，この TQC を TQM(Total Quality Management：総合的品質管理)とする呼称変更を行った．つまり，TQC の Control から想定される「狭義の管理」から脱却し，日本でも広義の意味で品質管理を正確に伝える用語であり国際的にも普及している Management を含む TQM にすることで，時代の要請に応えたといえる．すなわちこの変更は，「これまで時代の要請に応じて推進してきた TQC による「変化」の延長線上に，来るべき激動の時代へ適応するための TQM による「変革」があること」を示している[3]．

5.2 品質保証の基礎

品質を管理し，品質保証(Quality Assurance：QA)を行うことが QC の目的である．本節では，企業における品質保証体制の基本的な考え方について解説する．

(1) 自職場での品質保証体制

自職場での品質保証体制は，以下の観点で運営し，その達成の程度については，表 5.1 のようなチェックリストで確認する．

① 品質保証管理についての方針と目的を認識し，組織や制度，標

表 5.1　自職場での品質保証体制についてのチェックリスト

(1)　商品検査規格は，商品規格を満たしているか．
(2)　標準類は整備され，定期的に見直されているか．
(3)　製造工程を管理する制度(QC 工程表(6.1 節)，工程能力指数(7.1 節)，作業標準など)は見直し，活用しているか．
(4)　検査基準は実態に即するようになっているか．
(5)　市場品質情報(含，不良速報)が職場で活かされているか．
(6)　納入時の検査記録や成績書は，品質を保証できるように完備されているか．
(7)　ユーザー(客先)での商品の使用条件をよく理解しているか．
(8)　品質に対してのPDCA のサイクルを回しているか．
(9)　標準作業に指示された手順どおり守られているか．

準などについて徹底する．

②　品質管理の実施計画を具体的に示す．

③　品質管理に関する責任と権限を自覚する．

④　品質管理状況を総合的かつ個別的に把握するとともに，関係する職場にも連絡する．

⑤　自職場での管理点や管理項目をはっきり区分し，分担を明確にして指導する．

(2)　商品に関連する社会的責任の認識

メーカーでは商品を市場に供給することによって，商品の品質および販売することについて社会的責任を負う PL(Product Liability)がある．PL は法律関係では「製造物責任」，保険関係では「生産物責任または製造物賠償責任」，品質管理関係では「製品責任」とよばれている場合が多い．これは製品の不具合に起因して，使用者または第三者に与えた(死亡を含む)身体障害または財産損壊に対して,(製造者を含む)売手側が負う民事上の責任(損害賠償)のことである.

「組織が適切にPLに対処しているかどうか」のチェックリストは,表5.2のようなものになる.

表5.2　PLのチェックリスト

(1)　保証機能を満たすために自職場の工程の安定と管理体制を確立しているか.

(2)　重要保安(部品)および重要機能(部品)の工程を重点的に管理しているか.

(3)　基準や標準類の見直しと改廃などを行って，それが守られる職場風土を作り上げているか.

(4)　生産管理記録などの保管，関係部門間の連絡が確実に行われているか.

(5)　各種資料や書類(試験，検査，事故，関連技術説明書，ユーザーへ渡した資料，受け取った資料など)の保管場所を知っているか.

(6)　現地での調査やサービスなどを行って得たユーザーの苦情・要望を，自職場へフィードバックしてもらえる仕組みになっているかどうか.

(7)　PLの重要性について教育・訓練を行っているかどうか.

(3)　「クレームゼロ」への挑戦

上記(2)で最低限の義務を果たしたら,次に目指すのは例えば「クレームゼロ」への挑戦である．具体的には，以下のような流れで行う.

①　クレームの実態把握：発生クレームの情報を入手し整理する.

②　要因の究明：以下の点に着目する.

1)　「傾向的クレームか偶発的クレームか」を調査する.

2)　クレーム内容を分析し，材料，加工，部品，組立，調整など(4 M：材料(Material)，機械(Machine)，方法(Method)，ヒト(Man))の活用について，どの部分の不良か原因を究明する．

3)　ユーザー側に対しても「取扱いなどについて問題がなかったか」について，可能な限り調査を依頼する．

4)　職場の日常管理データも調査する．

③　再発防止：以下の点に着目する．

1)　フールプルーフ(ポカヨケ)を考案して工程に活かす．

2)　商品の機能教育を行い，個々の工程内で品質の作り込みを徹底する．

3)　再発防止策の推進状況をチェックし，確実にフォローする．

4)　潜在クレームについても対策を検討する．

5)　技術標準や規格などの標準関係資料の改廃を行い，確実にフォローする．

④　水平展開と予防：以下の点に着目する．

1)　再発防止策を関連職場の工程に水平展開して，再び同じクレームが発生しないようにする．

2)　過去のクレーム資料を参考にQA表を作成し，工程設計ならびに作業標準に織り込む．

3)　開発・設計部門と協議して製品の試験項目を選定し，製品を調査・検討する．

⑤　保管と物流上の留意点

1)　契約した納期に所定の製品が納入できるよう，計画を立案・実施する．

2)　製品の運搬・輸送の際に，その品質と機能を保護する対策をとる(例えば，梱包・包装テスト，落下，防水，振動，圧縮，耐熱，発錆，静電気の発生など)．

3) ユーザーへの着荷状態について，フィードバックを受ける．

4) 原材料，部品，半製品，製品などの品質の低下や損傷がないよう管理する(例えば，湿度，温度，光線，ガス，塵埃，虫など)．

5) 不良返品と良品を混同しないよう，区別しておく．

⑥ クレームコストの実態把握：以下の点に着目する．

1) クレーム費用比率は，以下のように計算する．

$$\frac{\text{設計(製造)に起因するクレームの損失金額(月，期)}}{\text{生産高(売上高)(月，期)}}$$

2) 事業本部全体のクレーム費用などが，統計的にわかる状態かどうかを確認する．

3) 「自職場のクレーム費用が，どれくらい発生しているか」を調査する．

4) 以上のように過去のクレーム費用を解析して挑戦目標を立てることで，自職場の意識高揚を図る．

⑦ F. P. A コスト(品質コスト)の実態を把握し，その低減を図る．
F. P. A コストの具体的な内容は以下のとおりである．

F(Failure)＝品質上の失敗コスト(クレーム費，廃棄費，など)
P(Prevention)＝予防コスト(テスト，教育，統計，解析，事務費など)
A(Appraisal)＝評価コスト(検査，検定，試験，器具など)

失敗コストについては，不良の廃棄費などの内部失敗コストとクレーム費などの外部失敗コストがあり，予防コストと評価コストを合わせて品質管理コストとよぶ場合もある[4]．

5.3 品質保証活動の評価

品質保証活動もその実施状況や成果について，常に評価され，改善されていかなければならない．

(1)　評価の観点

評価は通常，「結果に対する評価」と「プロセスに対する評価」という両面から行われる．品質保証活動もこの例外ではなく，以下の視点からの評価が必要といえる．

①　結果に対する評価

品質保証活動はその目的から，顧客の満足度によって評価されるべきである．しかし，実際には不満足度(クレームや仕損費など)で評価されることが多い．Ｆコストも不満足度の一つの尺度といえる．

これらは短期的には，発生限界額や予算値と比較して評価されるが，長期的には「改善の方向に進んでいるかどうか」のトレンドで評価する．仕損費とクレーム費などを合計したＦコストは，売上高に対する比率として0.5％以下が望ましい．

②　プロセスに対する評価

プロセスに対する評価では，「望ましい体制ができているかどうか」，「それが実行されているかどうか」の２点が検討すべき主要な対象となる．体制面では，「品質保証のシステムや規程，クレーム処理規程などで不備な点はないか」，「情報処理や事務システムが最新の内容に更新されているか」などが対象となり，実施状況では各種記録のチェックや直接質問による方法が有効である．

プロセスの評価は，事後評価よりは事前評価が重要である．重要プロジェクトではトップ診断も行うのがよい．新商品の生産開始に当たって，標準類の整備状況や作業者の訓練状況をチェックし，ノートラブルでスタートさせる必要がある．

③　原因系の追及

層別(6.3節)の活用により，対策への手がかりとなる原因系を検討できる．このときには結果だけ議論してもダメであり，「なぜこうなったのか」を徹底的に問うこと(いわゆるなぜなぜ分析)が大切になる．プロセスをきちんと管理しないまま，得られた結果だけがあっても次につながる対応はできない．「どうしたらよくできるのか」，「何を放っておいたためにそんなに悪くなってしまったのか」を検討することが，非常に重要である．

例えば，自らが製造部の部長だったとして，部の仕事に失敗があったとしよう．その際，課長以下がいろいろと説明し，「結果はこうだった」と報告するだろう．しかし，その際には「なぜそうなったのか」を追及し，手を打てる原因系を探さなければならない．

各担当者が説明することにもとづいて，責任者およびメンバー全員で原因を調べなければ問題は解決できない．同じ組織のメンバー同士で「設計が悪い」，「製造が悪い」などと言い合っていたら，本当の問題はいつになっても改善されないであろう．メンバー同士が顔を突き合わせたうえで，「どういうところがいけないのか」，「組立はどうするのか」，「設備計画が悪かったのではないか」などと徹底的に議論し対策のとれる問題点を探し出すことが必要である．

(2) クレーム予防対策の事例

工場のクレーム予防対策では，根本的に製造工程で不良を作らないように品質管理を徹底することが肝要である．

具体的には，材料(Material)，機械(Machine)，作業者(Man)，方法(Method)，測定(Measurement)という5Mを中心とした管理を充実することが重要である．その要点を述べると次のようになる．

① 製造工程の管理制度の設定

製造工程における管理の進め方の手順としては，まず全工程を工程別に区分して，各工程別に管理項目とその管理方法，品質特性とその検査方法，および品質に重要な影響を及ぼす作業方法などを具体的に決めることから始まる．例えば，工程の順序に従って原料，材料，部品の品質が変化する過程を品質管理工程図などに書き表して，工程の概要を把握し，個別(製品別)に管理の進め方の概要を具体的に設計する.

製造工程を変更したり，製造作業標準などの5Mを変更する場合，技術的かつ管理的側面から変更に伴う影響を3H(初めて・久しぶり・変更)の観点から考慮し，関係部門と十分検討して，問題が発生しないように変更管理の仕組みを確立しておくことが求められる.

② 異常報告と是正処置制度の設定

工程に異常が発生した場合には，作業者は正確に異常を報告しなければならない．それと同時に各工場では速やかに原因を探究して，是正処置をとり，不良の事後処理をするのは当然として，二度と同じ不良が発生しないよう，再発防止対策を立てて是正処置を実施する．これらの一連の作業は，制度化して組織的に運営する.

③ 製造作業標準の設定

正しい製造作業の根拠となる作業標準を設定する．その際，作業標準のなかには，「自分で作った製品は自分で保証すべきである」という考え方にもとづいて自主点検項目を必ず掲載すべきである．そして，これを作業者に教育・訓練して実施させることで，適合品質として定められた品質水準を維持できるよう改善活動を行う．作業標準については作業研究の技法(2.3節)などが有用である.

④ 材料管理の徹底

間違って他の材料を使用しないように，材料には材料名を正しく表示し，整理・整頓して保管する必要がある．また，作業者の不注意で異材を使用したり，材料に異材を混入することが現場では意外に多いため，ポカヨケを行っておくことも重要である.

⑤ 生産設備の管理

良い商品を製造するためには，適切な能力と精度の良い適切な台数の設備を保有し，保全していくことが肝要である．そのためには設備ごとに性能標準を定めたうえで，それを維持するために保全標準(点検・検査標準)を定め，日常的・定期的に点検・検査できるようにする．例えば，設備の給油基準を定めて，そのとおりに給油するなどである．作業者には操作方法を教育・訓練することで，機械設備の操作に習熟させるべきである．

以上の標準や基準について，工程ごとの「生産設備の管理概要一覧表」にしておくと効果的である．治工具および測定器具の管理についてもまったく同様である．例えば，目盛の狂ったゲージを使って製品を製造・測定しても良い製品が作れないのは当然で品質の保証など行うことができない．そのため，目盛合せ，すなわちCalibration(校正)を定期的かつ十分に実施・徹底しなければならない．

⑥ 作業者の訓練と品質意識

不良予防のためには，テーラーおよびギルブレス(第2章)以来の時間研究・動作研究などの科学的管理手法において，能率向上を目的とするだけでなく，ミス防止を目標にして活用すべきである．

例えば，わが国では作業者の技能向上のために各種の技能検定試験を実施しているので，この制度を活用すべきである．また，QCサークル活動(小集団改善活動)は，品質意識や問題意識，改善意識の高揚に役立つうえに，作業ミス予防にも有効である．

クレームを低減させるためには，作業者の熟練と「良い製品を作らねばならない」という品質意識をもつことがすべてに最優先する．

⑦ ポカミス予防の工夫

生産現場でいつでも取り上げられる問題に「ポカミス」がある．

ポカミスによる事故が社会に与える影響は無視できないし，企業間競争に勝ち残るためにもポカミス対策は生産現場における最も重要な課題であると認識しなければならない．

ポカミスを減らすためには，生産技術的なアプローチ(例えば，ポカミス予防装置の工夫)や，心理的な対策アプローチ(例えば，適当な心理的な緊張度を与える工夫)など，方策がいろいろとある．

ポカミスの原因および対策をまとめると，表5.3のとおりである．

表 5.3　ポカミスの原因および対策のまとめ

(1)　ポカミスの原因	①　基本的な作業標準を守らないこと ②　マンネリ・気のゆるみ・私語・仕事の慣れがあること ③　思い込み・勘違い・見間違い ④　納期などに追われ余裕がないこと ⑤　指示ミス・連絡ミス ⑥　作業環境が悪いこと ⑦　確認ミス ⑧　作業内容を把握していないこと ⑨　体調が悪いこと ⑩　仕様変更に気がつかないこと ⑪　整理整頓がされていないこと ⑫　気分の切換えができないこと ⑬　仕事に慣れていないこと(未熟) ⑭　作業手順を守らないこと ⑮　品質意識が低いこと
(2)　ポカミス対策	①　作業者の教育を行い，適材適所と配置転換をすること ②　ポカミス予防装置(ロボットなど)の導入を行い，機械的に検知可能にすること ③　誰にでもわかる作業標準書を作成して理解させ，徹底し守らせること ④　製品の設計・工程変更を適時に行い，作業の単純化を図ること ⑤　作業環境改善や整理整頓を行い，明るい職場にすること ⑥　工程変更，仕様変更時の指示を徹底すること ⑦　規則正しい生活をすること ⑧　自主点検強化を行い，作業工程を第三者に再チェックしてもらうこと ⑨　適当な緊張感を与えること ⑩　職場の人間関係を円滑にすること(コミュニケーションやモラール(Morale)の向上)

5.4　マネジメントシステムと国際規格

品質マネジメントシステム(Quality Management System：QMS)であるISO 9000ファミリーや環境マネジメントシステム(Environmental Management System：EMS)のISO 14000ファミリーは，国際的に認定される品質および環境マネジメントシステムを構築するための国際規格である．ここで，ISO(International Organization for Standardization：国際標準化機構)とは，スイスのジュネーブに本部を置き，国際的に認められる規格や標準類を制定するための国際機関である．

ISOは，「物資およびサービスの国際交換を容易にし，知的，科学的，技術的および経済的活動分野の協力を助長させるために世界的な標準化およびその関連活動の発展開発を図ること」を目的に，1947年2月23日に18カ国により発足した．この「電気分野を除くあらゆる分野の標準化を推進する非政府間国際機関」に参加できるのは，各国で代表的な標準化機関1つに限定されており，日本からはJISC(Japanese Industrial Standards Committee：日本産業標準調査会)が加盟して，会員数は162カ国となっている(2018年12月現在)．

対象とする組織のレベルにより種々の規格・標準は制定されている．例えば，企業ごとに利用される「社内規格」，業界・団体などで利用される「団体・工業会規格」，国家レベルでの利用を前提にした「国家規格」，欧州などの地域レベルで制定される「地域規格」がある．さらに，国際的な利用を期待して制定される「国際規格」などに分類することができ，これらのなかで最上位レベルに位置づけられる国際規格を制定する代表的な国際機関の一つが，ISOであるといえる[5]．

国際規格には，QMSやEMSのほかリスクマネジメントシステム(ISO 31000)や情報セキュリティマネジメントシステム(ISO 27001)に関する規格など経営分野にかかわる多くの国際規格が存在している．これらのマネジメントシステムでは，監査が求められており，監査主体別に以下の3態様が存在する.

① 第一者監査(内部監査):組織内で行う監査で,マネジメントシステム改善には欠かせない監査

② 第二者監査:第一者および第三者監査以外のもので,利害関係者が行う監査

③ 第三者監査(審査):客観的な証明にもとづく,審査登録機関が行う監査

例えば,ISO 9001(JIS Q 9001)やISO 14001(JIS Q 14001)においては,品質マネジメントシステム(QMS)や環境マネジメントシステム(EMS)における規格要求事項が示されている.各組織において,要求された事項を満たしているかどうかの「適合性」審査が第三者によって行われ,合格した場合にISO認証取得組織となる(図5.2).すなわち,各組織におけるQMSやEMSはISO認証を取得していなくても存在することも可能であるので,「QMS≠ISO 9001」,「EMS≠ISO 14001」であることに注意が必要である.

ISO規格による認証登録制度は,買い手の立場からのQCであるが,

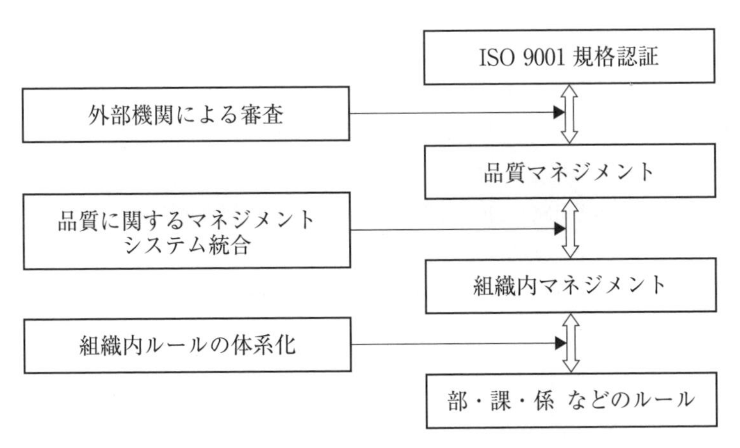

図5.2 品質マネジメントシステムの審査の概念

わが国のTQM活動とは異なった形で進展してきたものである．なぜなら，わが国のQC活動の主流は生産者の立場のQCで，その中心には品質改善があるからである．

買い手の要求に合う商品やサービスを提供することがQCの出発点であることは言うまでもない．しかし，QCが企業の発展に大きく寄与するためには，さらなる取組みが必要である．例えば，積極的に品質改善を行い，顧客の要求をより一層満たす商品やサービスを，より経済的に提供する活動が大切であり，実行されなければならない．また，このような改善活動により，企業が持続的に発展することは，これまでのモノづくりの歴史により立証されており，近年注目される持続可能な開発目標(SDGs)へも貢献するものといえる．ISO規格では，この改善活動という観点の取組みがTQM活動と比較すると希薄である点が否めないことから，これを補うためにTQMを活用することが，今後ますます期待されている．

【演習問題】

(1)　所属する組織の品質保証体制について考察しなさい．

(2)　フールプルーフについて説明し，その事例についてまとめなさい．

(3)　日常の行動でしてしまうポカミスの対策について検討しなさい．

(4)　関心のあるISO 9001認証取得企業の品質管理活動への取組み事例についてまとめなさい．

(5)　関心のあるISO 14001認証取得企業の環境管理活動への取組み事例についてまとめなさい．

第6章
TQMによる改善活動

6.1　職場における品質管理

TQM活動の柱の一つである方針管理は，長年継続的改善を重視した活動として実施されており，これまで多くの企業・組織において業績を上げ，経営に貢献してきた．

方針管理とは,「方針を，全部門・全階層の参画のもとで，ベクトルを合わせて重点指向で達成していく活動」である[1]．方針管理実践のもと，職場における品質管理については，まず以下の点に注意する必要がある．

① 全員の協力体制で，各工程の品質を保証するため，後に活かせるデータをとり管理する．

② 得られたデータから，工程の管理や解析，問題の解決や改善のみならず，問題点を予測して品質上のトラブル防止に役立てる．

③ 一人ひとりの役割をはっきり決め，全員が一体となって管理のサイクルを回し，目標の達成を図る．

以上を徹底したうえで，現場管理者として(1)～(11)項のような改善への取組みを進めていくことが肝要である．

(1)　計画する

① 自職場の重点項目を明確にし，品質管理の方策を立て，現場へ徹底する(前期の実績と今期の方針を参考にする)．

② 実施項目および目標値を決定し，期限を決める．

③ 重要品質の検査項目の見直しをする．

④　必要とするデータを決め，その目的を明確にする．

(2)　実施する

①　データをとり，事実にもとづいて判断し行動する．

②　QC工程表(表6.1)および管理項目を確実に管理する．

表6.1　QC工程表(例)

<table>
<tr><td colspan="3">QC工程管理</td><td>改訂来歴</td><td colspan="3"></td><td>管理順位記号</td><td colspan="6">○－記録者
◎－管理担当者
⊗－承認者
△－報告先</td><td colspan="3">作成
年　月　日
改訂
年　月　日</td></tr>
<tr><td rowspan="3">工程順</td><td rowspan="3">工程名
加工部位</td><td rowspan="3">設備機械
名称：No</td><td rowspan="3" colspan="2">管理特性</td><td rowspan="3" colspan="2">規格値
標準値</td><td rowspan="3">管理水準</td><td rowspan="3">計測器</td><td colspan="8">管理方式</td></tr>
<tr><td colspan="3">チェック要領</td><td colspan="5">管理職位</td></tr>
<tr><td>区分</td><td>常時</td><td>段変</td><td>作業者</td><td>技能長</td><td>職長</td><td>係長</td><td>課長</td></tr>
<tr><td></td><td></td><td></td><td></td><td></td><td></td><td></td><td></td><td></td><td></td><td></td><td></td><td></td><td></td><td></td><td></td><td></td></tr>
<tr><td></td><td></td><td></td><td></td><td></td><td></td><td></td><td></td><td></td><td></td><td></td><td></td><td></td><td></td><td></td><td></td><td></td></tr>
<tr><td></td><td></td><td></td><td></td><td></td><td></td><td></td><td></td><td></td><td></td><td></td><td></td><td></td><td></td><td></td><td></td><td></td></tr>
<tr><td></td><td></td><td></td><td></td><td></td><td></td><td></td><td></td><td></td><td></td><td></td><td></td><td></td><td></td><td></td><td></td><td></td></tr>
<tr><td></td><td></td><td></td><td></td><td></td><td></td><td></td><td></td><td></td><td></td><td></td><td></td><td></td><td></td><td></td><td></td><td></td></tr>
<tr><td></td><td></td><td></td><td></td><td></td><td></td><td></td><td></td><td></td><td></td><td></td><td></td><td></td><td></td><td></td><td></td><td></td></tr>
<tr><td></td><td></td><td></td><td></td><td></td><td></td><td></td><td></td><td></td><td></td><td></td><td></td><td></td><td></td><td></td><td></td><td></td></tr>
<tr><td></td><td></td><td></td><td></td><td></td><td></td><td></td><td></td><td></td><td></td><td></td><td></td><td></td><td></td><td></td><td></td><td></td></tr>
</table>

(3)　チェックする

①　データを整理することで，状況を把握する．

②　問題(異常)に対し，「どの原因(5M)が結果に影響しているか」をチェックする．

③　管理状態の推移を掲示して全員に知らせる．

(4)　対策および改善

①　基準から外れている場合は，基準内に入るよう対策する．

②　問題点の原因を究明し，積極的に改善策を検討し実施する．

③　作業標準を改訂し，確実に実施する．

(5)　日常管理

① 各部門の業務目的の効率的達成を目指す.

② 現状の問題点を把握できるよう, 管理点や管理限界を明確にする.

③ 異常が発生した場合, きちんと上司に報告する.

④ 異常に対して適切なアクションをとる.

⑤ 異常に対して関連情報を迅速に関係部門に伝達する.

⑥ 意図する品質になっていることを確認する.

⑦ 計測器の日常管理をきちんと行う.

(6)　管理手法の理解と活用

① 目的に応じて手法を正しく使う.

② QC 七つ道具(6.3 節)など, すぐ使える身近な管理手法をよく理解し活用する.

(7)　目標の設定

① 自職場の技術・技能の水準も考慮して, 目標を設定する.

② 目標の設定に当たっては, 積極的な改善・進歩・向上を目指す.

③ 目標は, 可能な限り数値で表し, 結果がすぐわかるようにする.

(8)　管理点・管理項目の設定

① 責任の所在や権限の範囲を明確に示し, 徹底させる.

② 対象となる品質の項目を決め, 簡潔で具体的な内容にする.

③ 関連した規格類と矛盾しないよう注意して成文化する.

④ 重複や抜けがなく過去の経験も反映して使いやすい内容にする.

(9)　管理の方法

① コスト面も配慮して, 各工程での管理手法を決める.

② 管理して行くためのデータシートや帳票類を整理する.

③ FMEA手法(10.3節)などを活用する.

(10) 管理点・管理項目の徹底とチェック

① 作業標準を実作業で徹底させる.

② 標準どおり作業していても，品質上の問題発生の有無を工程上からチェックする.

③ 各々の工程における管理状態の推移を把握し，必要に応じて対策をとる.

④ 目標未達の場合にはその原因を調査して，管理点・管理項目を適宜見直す.

⑤ 管理点・管理項目の実態について，適宜，関係他部門と打合せして，品質に反映させる.

(11) 改善と標準化

① 管理点・管理項目は，実施後いろいろな角度から見直して，作業標準などの改廃を検討する.

② 標準化したものは，文書として技術や技能の蓄積となるように整理・保管する.

③ 現場における5S(整理，整頓，清掃，清潔，躾(しつけ))活動を推進する(8.2節). 製造工程における必要な品物や備品などの物の管理は,「どこに」,「何を」,「いくつ」,「いつまで」の考え方で明確に定める必要がある.「どこに」は「定位」として場所を,「何を」は「定品」として管理する物を,「いくつ」は「定量」として定められた量および個数について，常に時間や期限を守って管理できることが求められる. この「定位」,「定品」,「定量」の3つを「3定」という場合があり，このとき「5S3定」が重要な要素となる.

6.2　QC サークル活動(小集団改善活動)

小集団によって現場を改善する QC サークル活動は，1962 年に日本で始められた活動であり，現在，世界各国で行われている．2019 年には，東京で 8 回目となる International Convention on QC Circles(ICQCC)(図 6.1)が開催された．

図 6.1　ICQCC の会場

QC サークル活動では，以下のようなねらいのもと，小集団による現場の改善活動が行われている．

① 全員参加によるサークルを組織し，サークルの基本理念や必要性などを認識させる．

② 適切な指導と，援助によりサークル員に問題意識をもたせ，サークル活性化を図る．

③ サークル活動を通じて，メンバーの能力開発やモラールの向上を図る．

管理者の立場で QC サークル活動(小集団改善活動)を育成し，指導・援助をしていくポイントは以下のとおりである．

(1)　QC サークル(小集団改善活動)の育成

① テーマの設定

1) テーマは，「メンバー全員が関心をもって職場の問題解決に当たれるもの」にする．

2) テーマのレベルは，「困難であるが努力すれば達成できそうな程度」にする．

3) テーマは，「メンバー個々の役割分担ができ，かつ活動結果が定量的にわかるようなもの」にする．

② サークル活性化のための指導・育成

1) サークルの自主性を尊重しつつ，PDCAのサークルを回すことを意識できるように側面からの助言をする．
2) QCサークル活動は個人プレーでなく，サークル全体の成果が求められることを理解させる．
3) 活動過程での経過は，有形の効果だけでなく，無形の効果も得られるということを理解・認識させる．
4) QCサークル活動がやりやすいように，会合時間や場所などについてできるだけ配慮する．
5) QCサークル活動のマンネリ化の防止を心かける．そのために表6.2の事項を常日頃から留意する．
6) 活動結果を定期的に一定様式にまとめて提出させ，今後のサークル指導育成に活かす．

表6.2 QCサークル活動のマンネリ化防止のためのチェックリスト

(i) 新しい問題に取り組んでいるか．
(ii) 新しい管理手法(の知識や技能)について勉強しているか．
(iii) 活動テーマのレベルを徐々に引き上げているか．
(iv) 活動テーマの重要性や効果を明確に伝え，やり甲斐を高めているか．
(v) 他職場や他工場とのサークル交流を図っているか．
(vi) 発表大会や研修会などへ積極的に参加させ，メンバーの資質を高めるよう努めているか．

③ サークル活動の評価

1) テーマの目標と実績との差異を把握し，目標を達成した場合には激励し，未達の場合にはその原因を究明させる．
2) 目標未達の場合でも，結果の評価ばかりせず，活動過程での努力度も評価する．

3)　「QC ストーリー(6.3 節)にもとづく問題解決ができたかどうか」を評価し，まとめておく．

(2)　QC サークル活動(小集団改善活動)の指導と援助

QC サークル活動においては，「職場の課題を全員で討議し，目標を決め自主的に推進させること」,「自己研鑽の場として小集団活動に積極的に取り組ませることへの指導や援助」が重要である．以下，QC サークル活動における推進ポイントを挙げる．

① 監督者の役割と心得

1)　監督者自身が QC サークル活動の意義や目的を正しく理解し，認識を深めておく．

2)　活動報告書を適切に評価する．このとき，職制として分担すべき仕事や準備などをグループに任せたままにせず，適切に援助する．

3)　必要な情報は，意識的にメンバーに伝えるようにする．

4)　監督者自身が職場の問題点を摑み，活動経過について関心をもち必要に応じて助言する．

5)　目標と比べて達成度がわかるように，できるかぎり数値にまとめグループごとに評価する．

6)　目で見える成果だけでなく，活動過程での努力で得た無形の効果を摑む．

7)　目標の達成だけでなく，メンバーの人間的成長にも絶えず関心をもつ．

② メンバーへの指導

1)　活動のテーマは，自職場の問題に密着し，グループで解決でき，全員の賛成を得られるものにする．

2)　テーマは，品質，設備機械，安全，原価などに関するもので，サークル活動にふさわしいものにする.

3) グループの目標と具体的な活動内容において，ズレがないようにする.

4) いきづまったり，遅れているグループをキャッチし，問題解決への助言をする.

5) 全員に役割を分担させ，決めた期日までに目標を達成させる.

③ リーダーの育成

1) QCサークル活動をリーダー育成の場として捉え，できるだけ多くのメンバーにリーダーを経験させる.

2) リーダーとの対話を多くもち，悩みや問題点を頻繁に聞いて，勇気づける.

3) 計画立案時のポイントとして以下の点を考慮する.

- い つ：時期，期限 (When)
- どこで：場所，場面 (Where)
- だれが：担当 (Who)
- なにを：内容，目的 (What)
- な ぜ：理由，動機 (Why)
- どのように：手段，方法 (How)
- どれくらい：費用，程度 (How much)

その他に推進するポイントとしては，以下のものが挙げられる.

i) QC手法の訓練

ii) 発表の機会の設定

iii) 参考資料の提示

iv) 職場内外との交流

v) 活動時間への配慮

6.3　品質管理の方法

品質管理では，1.4 節や上記の 6.1 節で述べられた計画(Plan)，実施(Do)，確認・評価(Check)，処置・改善(Act)からなる PDCA サイクルを回すことで，目的の達成を目指し，うまくいかなかった場合には，その解決策をフィードバックして継続的な改善を行う．そのためには，まず，データにもとづいた現状の把握・分析が重要となる．

このとき改善に有用な道具として「QC 七つ道具」,「新 QC 七つ道具」などがある．その考え方や実践的な活用法はそれだけでも一つの書籍になるので，本節ではその概要のみを説明する．

(1)　QC 七つ道具

数値データを中心とするデータのまとめに有用なツールとして，チェックシート(表 6.3)，特性要因図，パレート図，層別，ヒストグラム，散布図，グラフ・管理図が挙げられ，これらのツールは広く「QC 七つ道具」とよばれている(表 6.4)．

表6.3　チェックシート(例)

チェックシート				
不良項目調査用チェックシート				
不良項目＼日	10 日	11 日	12 日	計
きず	卌	//	////	11
しわ	卌	卌 /	////	15
ヒビ	卌 //	卌	卌 /	18
かけ	////	//	///	9
歪み	卌	///	//	10
異物混入	卌	////	///	12
その他	/	//	/	4
計	32	24	23	79

表6.4 QC七つ道具の概要

手 法 名	具体的な内容
(1) チェックシート(表6.3)	チェック漏れを防いだり，データを簡単にとって整理しやすいようにあらかじめ設計してあるシートのことである．不良数や工程分布，欠点位置や点検箇所などを確認するために用いる．
(2) 特性要因図(図6.2)	特性(結果)と，それに影響を及ぼしていると思われる要因(原因)との関連を整理して，工程の管理や改善を進めるために有効である．
(3) パレート図(図6.3)	不良個数や損失金額など，数値の大きい順に並べて改善の対象を決めたり，改善の効果を確認したり，不良や故障の原因を調べる場面などで有効である．
(4) 層別	データをその特徴によっていくつかの層に分けることであり，「特性要因図に挙げられた要因のうち，どれが真の原因になるのか」を調べる場面などで利用される．
(5) ヒストグラム(図6.4)	データの存在する範囲の品質特性について，その変動状態を正しく捉え，これを目に見える形にすることで，全体の分布を摑みやすくする目的で用いる．
(6) 散布図(図6.5)	散布図上の点の散らばり方によって，相関関係の有無を捉えることができる．また，結果をばらつかせている原因を見つけ出したり，要因の管理の幅に狙いをつけるために用いる．
(7) グラフ・管理図(図6.6)	グラフは，情報伝達の手段やデータの解析に有効である． 管理図は，工程における偶発原因による変動と，異常原因による変動を区分して，工程を管理するために有効である．

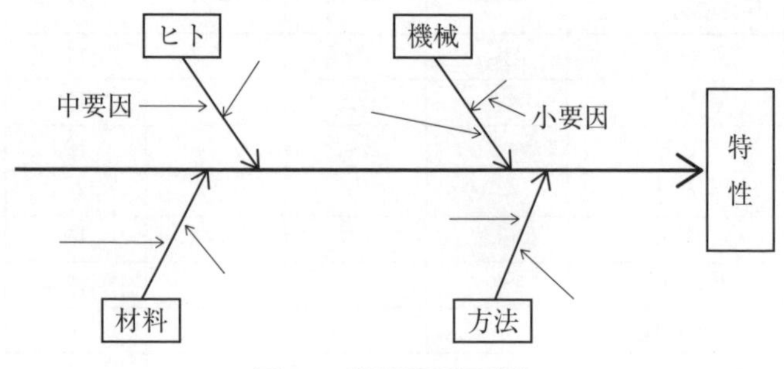

図6.2 特性要因図(例)

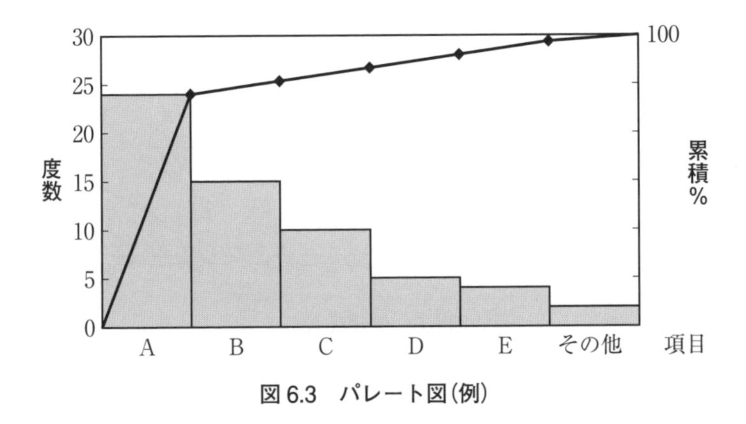

図 6.3　パレート図(例)

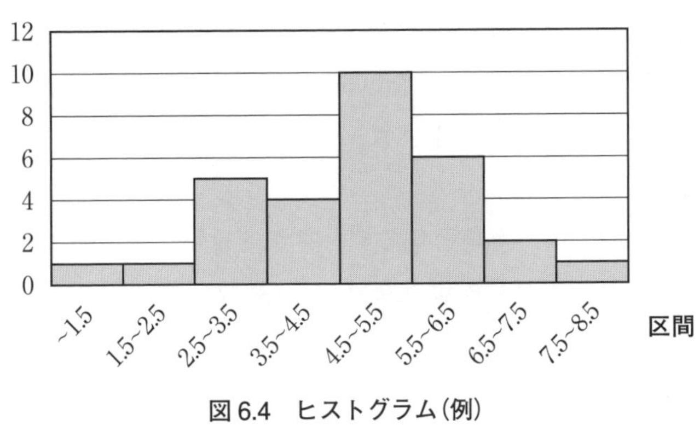

図 6.4　ヒストグラム(例)

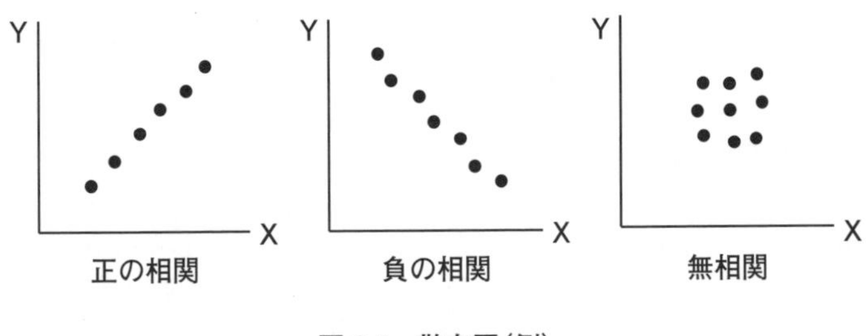

図 6.5　散布図(例)

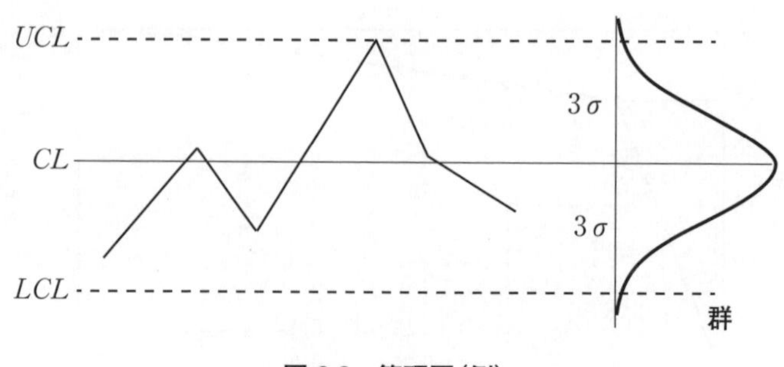

図 6.6　管理図(例)

(2)　管理図法

表6.4における管理図は，工程管理において現場で活用される重要な手法である．管理図では，中心線 CL (Central Line)を求め，3σ(シグマ)法の考え方のもとで，図6.6に示される上方管理限界(Upper Control Limit：UCL)と下方管理限界(Lower Control Limit：LCL)を計算して求め，各群における特性値をプロットし，「工程が安定しているかどうか」を判定する．

なお，管理図では，対象とするデータが「重量や長さのような計量値(連続)か，良品・不良品のような計数値(離散)か」によって，表6.5に示されるように分類できる．

① $\bar{X}-R$ 管理図

$\bar{X}-R$ 管理図では，群(日や時間など，データをとる単位)ごとにサンプル数 n の大きさのデータをとった場合，各群のデータにお

表 6.5　管理図の分類

計量値の管理図	計数値の管理図
R 管理図(範囲の管理図) $\bar{X}$ 管理図(平均値の管理図) Me 管理図(メディアンの管理図) X 管理図(個々のデータの管理図)	np 管理図(不適合品数の管理図) p 管理図(不適合率の管理図) u 管理図(単位当たりの欠点数の管理図) c 管理図(欠点数の管理図)

ける平均値を $\overline{X}$，範囲を R（＝最大値－最小値）とすると，以下の式で中心線と管理限界線が求められる．

中心線は以下のとおりである．

- $\overline{X}$ 管理図：$CL=\overline{\overline{X}}=\Sigma\overline{X}/k$
- R 管理図：$CL=\overline{R}=\Sigma R/k$

ここで k は群の数を表し，管理限界線は以下のとおりである．

1）　$\overline{X}$ 管理図
- 上方管理限界：$UCL=\overline{\overline{X}}+A_2\overline{R}$
- 下方管理限界：$LCL=\overline{\overline{X}}-A_2\overline{R}$

2）　R 管理図
- 上方管理限界：$UCL=D_4\overline{R}$
- 下方管理限界：$LCL=D_3\overline{R}$

ここで上式の A_2，D_3，D_4 は群の大きさ n によって決まる値により求める（付表 4）．

各群の $\overline{X}$ と R の値をプロットし，限界線の外側に打点される場合には，「工程は安定状態にはない」と判断される．また，点が中心線の上か下に連続して現れたり，上昇または下降傾向がある場合などにも注意が必要である．

②　np 管理図

不適合品数 np を管理する場合の管理図で，各群のサンプルの大きさ n が一定の場合用いられる．中心線は，

$$n\overline{p}=\frac{\sum np}{k}=\frac{総不適合品数}{群の数}$$

となり，管理限界線は以下のとおり与えられる．

$$UCL=n\overline{p}+3\sqrt{n\overline{p}(1-\overline{p})}$$

$$LCL=n\overline{p}-3\sqrt{n\overline{p}(1-\overline{p})}$$

③　p 管理図

不適合品率 p を管理する(各群のサンプル数 n が一定でない場合).

$$中心線\ \bar{p}=\frac{\Sigma np}{\Sigma n}=\frac{総不適合品数}{総検査個数}$$

となり，管理限界線は以下の式で与えられる.

$$UCL=\bar{p}+3\sqrt{\frac{\bar{p}(1-\bar{p})}{n}}$$

$$LCL=\bar{p}-3\sqrt{\frac{\bar{p}(1-\bar{p})}{n}}$$

(3)　新 QC 七つ道具

上述の QC 七つ道具のほかに，言語データを扱うための新 QC 七つ道具などのツールがある．新 QC 七つ道具は，全部門および全階層での QC 活動のために用いられる新手法で「言語データの整理」,「関係性の可視化」などの目的のために開発された．QC 七つ道具をはじめとする数値データを主として扱う手法とは異なり，言語データを中心とした手法である(表 6.6).

(4)　QC ストーリーによる問題解決

「QC 七つ道具」もしくは「新 QC 七つ道具」を利用した問題(課題)解決の一般的なステップは，QC ストーリーとよばれ，表 6.7 の 7 つのステップにまとめられる.

テーマになじみがあり要因解析はできるが，要因・対策の見当がつかないときは「問題解決型」を用いる．他にも未経験の業務や要因を解析したいときには「課題達成型」を，知見のある要因や対策をよりスムーズに実行したいときには「施策実行型」を用いる．いずれも表 6.7 の(2)～(4)に相当するプロセスに違いがある．つまり,「課題達成型」では

表 6.6　新 QC 七つ道具の概要

手法名	具体的な内容
(1)　親和図法 (Affinity Diagram Method)	ブレーンストーミングなどで得られた多くの言語データを整理・体系化するために，それらの類似性に着目することで，整理・グルーピングを行って情報を集約し，問題を明らかにするのに有効である.
(2)　連関図法 (Relation Diagram Method)	原因―結果(あるいは目的―手段)といった複雑な要因の因果関係を論理的に結びつけてまとめることで，複雑に絡み合う問題点の整理に活用される.
(3)　系統図法 (Tree Diagram Method)	問題において目的―手段を明確にして分岐させた系統図により，その解決策を考える手法である．目的を達成するための手段を系統的に示すために利用される.
(4)　マトリックス図法 (Matrix Diagram Method)	対象とする問題に関連した要素を視覚的にまとめ，比較・検討することにより，解決への方策を見い出すための手法である．マトリックスの形によりＬ型マトリックス図のほかにＴ型，Ｘ型，Ｙ型などがある.
(5)　PDPC 法 (Process Decision Program Chart Method)	将来想定される事態を予測し，それらに対処するための方法をあらかじめ準備することで，重大事態を回避し，当初の目標を達成するのに有効である.
(6)　アロー・ダイアグラム法 (Arrow Diagram Method)	複雑な作業において重要な作業経路(クリティカル・パス)を求めるのに有効である(10.1 節の PERT 手法を参照).
(7)　マトリックス・データ解析法 (Matrix Data Analysis Method)	多くの要因からなるマトリックス・データ(数値データ)に関して，各要因(変数)間の相関性を考慮し，互いに独立(無相関)な少数個の総合的な特性値の組に変換することでデータの特徴を捉えるのに有効である.

「攻め所と目標の設定―方策の立案―成功シナリオの追究―成功シナリオの実施」となり，「施策実行型」では「現状の把握と対策のねらい所―目標の設定―対策の検討と実施」となる.

表6.7 QCストーリー(問題解決型)のステップ

ステップの名称	具体的な内容
(1) テーマの設定	「どのような品質問題を取り上げるか」を，パレート図などを利用して重点項目に絞り，設定する.
(2) 現状把握と目標値の設定	問題の現状をデータにもとづいたチェックシート，ヒストグラム，グラフ・管理図を作成して把握し，解決の目標値を定める.
(3) 要因の解析	特性要因図を用いて要因を探索し，層別あるいは散布図により重要要因を確認する．必要ならば新たに実験を行って要因を解決する.
(4) 対策立案	重要要因に対して有効と考えられる対策案を考え，最も効果的な対策を決定する.
(5) 効果の確認	対策を実施し，「問題がどのように解決されたか」について，その効果をデータにより確認する.
(6) 標準化と管理の定着	効果が確認されれば，加工・検査手順に対する標準の作成あるいは改定を行い，対策案の定着を図る.
(7) まとめと今後の課題	改善活動の反省と今後の課題に対する計画を立てる.

さらに，工程管理などの詳細については，巻末の参考文献 [2][3] などを参照してほしい.

【演習問題】

(1)　u 管理図について調べ，具体例を示しなさい．

(2)　交差点における自転車の交通事故が起こる要因を特性要因図にまとめ，対策を検討しなさい．

(3)　表 6.8 のデータは 40 名クラスにおける経営学試験の成績である．

1)　最大値，最小値，範囲，平均値を求め度数分布表を作成しなさい．

2)　ヒストグラムを作成し，成績の分布について考察しなさい．

表 6.8　40 名の成績一覧

73	52	66	57	86	45	90	78	82	72
33	84	80	76	66	72	70	55	72	88
57	78	73	68	60	76	78	69	63	80
68	69	68	90	60	58	80	95	93	66

(4)　表 6.9 のデータを用いてパレート図を作成し，現状を考察しなさい．また，QC ストーリーにもとづいた問題解決の手順を示しなさい．

表 6.9　データ表(例)

不良項目	不良数
カケ	15
キズ	30
ヒビ	6
その他	9
合計	60

第 7 章
統計的品質管理

第5章で述べたとおり，データにもとづく統計手法を駆使した品質管理を統計的品質管理(Statistical Quality Control：SQC)とよび，これまで多くの企業において活用されてきた.

本章では，SQC の基礎概念について述べ，統計的仮説検定を解説する.

7.1　統計的手法の基礎

(1)　データの中心的傾向とばらつき

データから求められる統計量により，「中心的傾向」と「ばらつき」を把握することが重要である．中心的傾向を表す概念としては，通常，標本平均，中央値(メディアン)，最頻値(モード)が用いられる.

中央値は，データを小さいものから大きいものへ順番に並べたときに，データ数が奇数ならば中央にある値で，偶数であれば中央にある2つの値の平均値で与えられる．また，最頻値は，データのなかで最も多く現れる値である．これらは，平均値と同様に中心的傾向を示す代表値として扱われる.

一方，ばらつきについては，「データの最大値－最小値」で求められる範囲をはじめ，標本分散や標準偏差などが用いられる(付録 A.1 節).

(2)　工程能力指数

工程能力指数(Process Capability Index：PCI あるいは C_p)とは，工程のもつ品質に関する能力であり，工程の安定度を摑むために用いられる指標である．

わが国で広く用いられる工程能力指数は，製品の規格幅と $6s$（s は標準偏差）の比として以下の式で表される．

$$C_p = \frac{S_U - S_L}{6s}$$

ここで，S_U と S_L をそれぞれ規格の上限と下限とする．$C_p \geqq 1.33$ の場合，工程能力は十分あるといえる．

規格の中心値とデータの平均 $\overline{X}$ が一致しない場合には，指数は以下のように定義される．

$$C_{pk} = \frac{\min\{(S_U - \overline{X}),\ (\overline{X} - S_L)\}}{3s}$$

(3) 正規分布（Normal distribution）

正規分布は，連続的な性質をもつ確率分布における代表的な分布であり，次節で解説する統計的手法の基礎となる．例えば，現場における製品特性などのさまざまな計量値データをヒストグラム（6.3 節）で表すと，その形は平均付近を中心に最も高くなり，両端それぞれに近づくにつれて徐々に低くなっていく特徴が見られる．ヒストグラム（図 7.1（1）（2））の縦軸を（各区画の度数）/（総データ数）の相対度数に変換し，データ数を無限大に近づけ，区間幅を狭めることによって 0 に近づけていくと，ヒストグラムの輪郭線は図 7.1（3）のように滑らかな曲線に近づいていく．この曲線を $f(x)$ と表し，確率密度関数（分布関数 $F(x)$ を微分したもの（付録 A.1 節））とよんでいる．

よく管理された工程で製造された製品の品質特性の計量値は，平均付近の出現率が高く，平均値から離れるに従って出現率が低くなり，左右対称な釣り鐘型をした確率分布となる．図 7.2 のように，平均値 μ，分散 σ^2 とする釣り鐘のような曲線である正規分布を $N(\mu, \sigma^2)$ と表す．このときのμ(ミュー)とσ(シグマ)を母数あるいはパラメータとよぶ．例えば，特性値xが$a \leqq x \leqq b$となる確率$P(a \leqq x \leqq b)$は，図7.1(3)の$a \leqq x \leqq b$の面積とみなせるので，$f(x)$を積分することによって求めることができる．

このような正規分布曲線は，現場で扱うデータをはじめ，株価の収益率，身長や体重などのさまざまなデータが従う分布であると考えられる．この正規分布の確率密度関数$f(x)$は以下の(7.1)式で与えられ，特に$\mu=0$，$\sigma=1$の場合である$N(0, 1^2)$を標準正規分布とよぶ．

$$f(x)=\frac{1}{\sqrt{2\pi}\,\sigma}\exp\left\{-\frac{(x-\mu)^2}{2\sigma^2}\right\} \tag{7.1}$$

ここで$\exp(x)$は，自然対数eのx乗であるe^xを表す．

データを採取する母集団(次節参照)としては$N(\mu, \sigma^2)$が一般に仮定されるが，母平均μと母標準偏差σが異なる値の組合せにより，数多くの母集団が想定されるため，それぞれの場合について積分計算を行い，必要な確率を求めるのは大変である．そこでさまざまなμとσをもつ正規分布$N(\mu, \sigma^2)$を

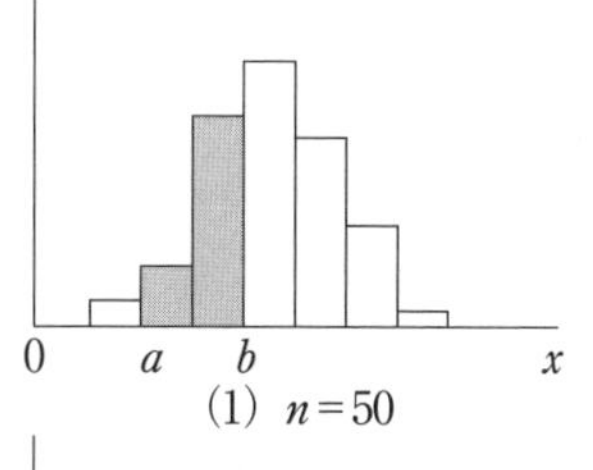

(1) $n=50$

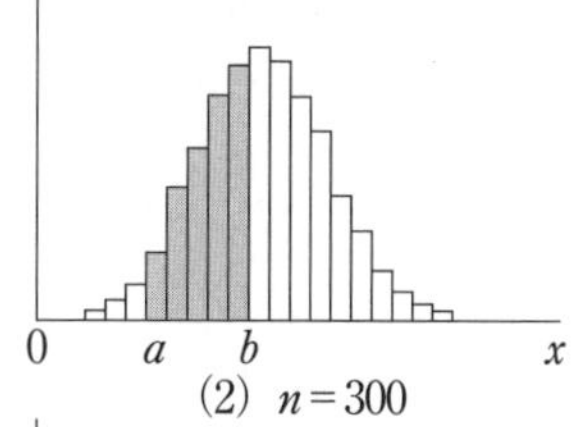

(2) $n=300$

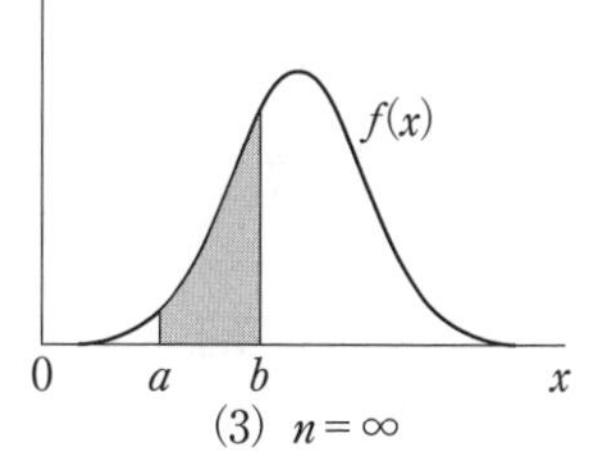

(3) $n=\infty$

出典）　永田靖(1992)：『入門　統計解析法』，日科技連出版社．

図7.1　ヒストグラムと正規分布

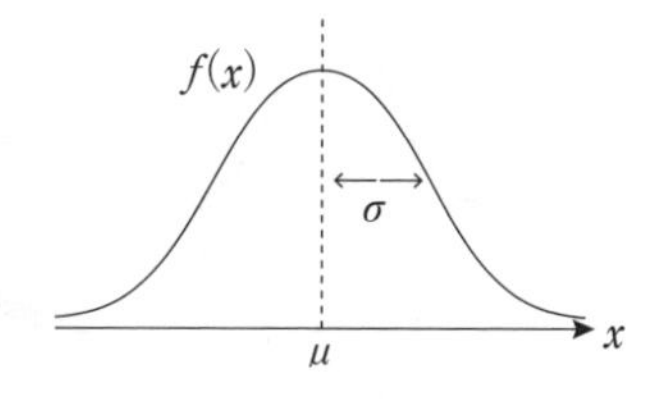

注）　μ：平均値　σ：標準偏差

図7.2　正規分布曲線

$\mu=0$，$\sigma=1$ の標準正規分布 $N(0, 1^2)$ に変換することで，あらかじめ計算され与えられている標準正規分布表（付表1）を利用すれば必要な確率を求めることができる．

標準正規分布は，測定単位を気にする必要がなく，確率の計算過程において非常に扱いやすくなるため，重要な分布であるといえる．また，確率密度関数 $f(x)$ を $-\infty$ から ∞ まで積分した面積は1となるので，「特定の値以上（または以下）」，「特定の値の範囲内」に何％のデータが含まれるのかを求めるのも容易となり，大変便利な分布であるといえる．

正規分布に従う確率変数 X を標準正規分布で表すには，次の式で変数 Z（標準化正規変数）に標準化（あるいは基準化ともよぶ）する．なお，書籍によってはこの変数を k，u，U で表している場合もある．

$$Z=\frac{X-\mu}{\sigma}=\frac{\text{確率変数}-\text{母平均}}{\text{母標準偏差}}$$

この正規分布の左右対称性を応用することで標準化を実施する流れをイメージしたものが図7.3である．

例えば，$P(Z \geqq 1.96)$ の値がいくらになるか表7.1の標準正規分布表か

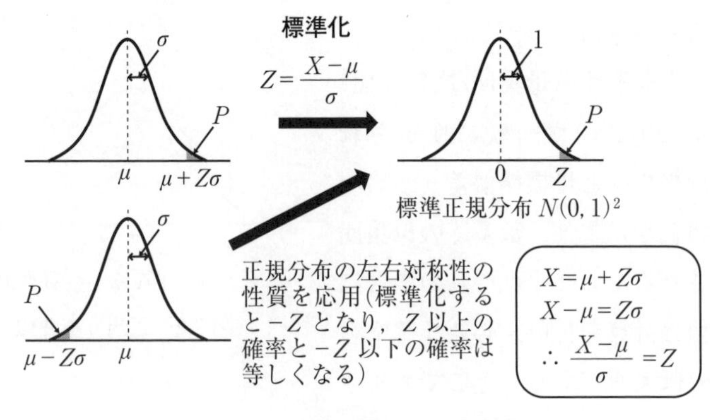

図7.3　標準正規分布への変換

表 7.1　標準正規分布表

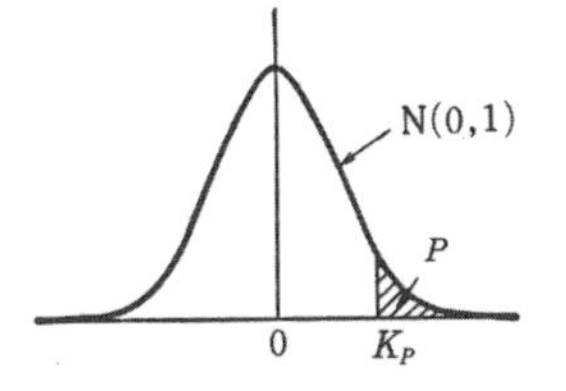

$$K_P \longrightarrow P = \Pr\{u \geqq K_P\} = \frac{1}{\sqrt{2\pi}} \int_{K_P}^{\infty} e^{-\frac{x^2}{2}} dx$$

（K_P から P を求める表）

K_P	*=0	1	2	3	4	5	6	7	8	9
0·0*	**·5000**	·4960	·4920	·4880	·4840	**·4801**	·4761	·4721	·4681	·4641
0·1*	**·4602**	·4562	·4522	·4483	·4443	**·4404**	·4364	·4325	·4286	·4247
0·2*	**·4207**	·4168	·4129	·4090	·4052	**·4013**	·3974	·3936	·3897	·3859
0·3*	**·3821**	·3783	·3745	·3707	·3669	**·3632**	·3594	·3557	·3520	·3483
0·4*	**·3446**	·3409	·3372	·3336	·3300	**·3264**	·3228	·3192	·3156	·3121
0·5*	**·3085**	·3050	·3015	·2981	·2946	**·2912**	·2877	·2843	·2810	·2776
0·6*	**·2743**	·2709	·2676	·2643	·2611	**·2578**	·2546	·2514	·2483	·2451
0·7*	**·2420**	·2389	·2358	·2327	·2296	**·2266**	·2236	·2206	·2177	·2148
0·8*	**·2119**	·2090	·2061	·2033	·2005	**·1977**	·1949	·1922	·1894	·1867
0·9*	**·1841**	·1814	·1788	·1762	·1736	**·1711**	·1685	·1660	·1635	·1611
1·0*	**·1587**	·1562	·1539	·1515	·1492	**·1469**	·1446	·1423	·1401	·1379
1·1*	**·1357**	·1335	·1314	·1292	·1271	**·1251**	·1230	·1210	·1190	·1170
1·2*	**·1151**	·1131	·1112	·1093	·1075	**·1056**	·1038	·1020	·1003	·0985
1·3*	**·0968**	·0951	·0934	·0918	·0901	**·0885**	·0869	·0853	·0838	·0823
1·4*	**·0808**	·0793	·0778	·0764	·0749	**·0735**	·0721	·0708	·0694	·0681
1·5*	**·0668**	·0655	·0643	·0630	·0618	**·0606**	·0594	·0582	·0571	·0559
1·6*	**·0548**	·0537	·0526	·0516	·0505	**·0495**	·0485	·0475	·0465	·0455
1·7*	**·0446**	·0436	·0427	·0418	·0409	**·0401**	·0392	·0384	·0375	·0367
1·8*	**·0359**	·0351	·0344	·0336	·0329	**·0322**	·0314	·0307	·0301	·0294
1·9*	**·0287**	·0281	·0274	·0268	·0262	**·025[illegible]**	·0250	·0244	·0239	·0233
2·0*	**·0228**	·0222	·0217	·0212	·0207	**·0202**	·0197	·0192	·0188	·0183
2·1*	**·0179**	·0174	·0170	·0166	·0162	**·0158**	·0154	·0150	·0146	·0143
2·2*	**·0139**	·0136	·0132	·0129	·0125	**·0122**	·0119	·0116	·0113	·0110
2·3*	**·0107**	·0104	·0102	·0099	·0096	**·0094**	·0091	·0089	·0087	·0084
2·4*	**·0082**	·0080	·0078	·0075	·0073	**·0071**	·0069	·0068	·0066	·0064
2·5*	**·0062**	·0060	·0059	·0057	·0055	**·0054**	·0052	·0051	·0049	·0048
2·6*	**·0047**	·0045	·0044	·0043	·0041	**·0040**	·0039	·0038	·0037	·0036
2·7*	**·0035**	·0034	·0033	·0032	·0031	**·0030**	·0029	·0028	·0027	·0026
2·8*	**·0026**	·0025	·0024	·0023	·0023	**·0022**	·0021	·0021	·0020	·0019
2·9*	**·0019**	·0018	·0018	·0017	·0016	**·0016**	·0015	·0015	·0014	·0014
3·0*	**·0013**	·0013	·0013	·0012	·0012	**·0011**	·0011	·0011	·0010	·0010

出典）　森口繁一，日科技連数値表委員会編(2009)：『新編　日科技連数値表―第２版―』，日科技連出版社．

ら考えてみよう．このとき，1.96は1.9＋0.06と表せるので，表7.1の左上のK_pから右方向に小数第2位の6を探す．さらに，その6から下方向に一番左の値が1.9となるところまで下がってきた値である0.0250を読み取る．したがって，$P(Z \geqq 1.96)=0.0250$となることがわかる．

さらに平均μと標準偏差σを用いてXの存在する確率範囲を考えてみる．ZはXが標準化された変数で$Z=(X-\mu)/\sigma$であるので，$P(-3 \leqq Z \leqq 3)=0.9974$を$X$の範囲で表すと$P(\mu-3\sigma \leqq X \leqq \mu+3\sigma)=0.9974$となり，$P(\mu-2\sigma \leqq X \leqq \mu+2\sigma)$は0.9544となる．このように正規分布においてデータが含まれる範囲と確率には，図7.4のような関係がある．

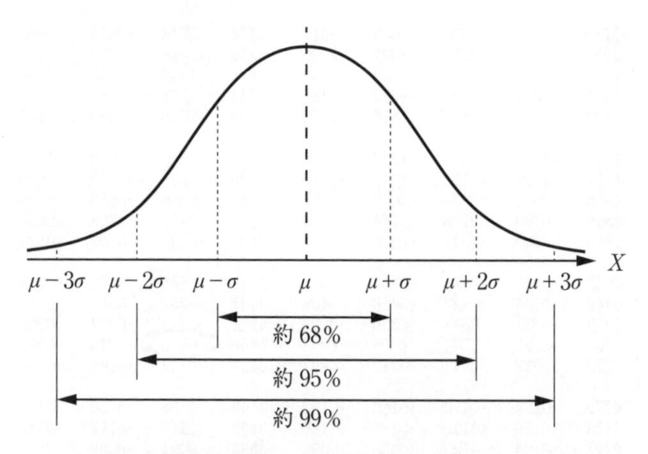

図7.4　正規分布曲線にデータが含まれる範囲と確率

7.2　統計的推論

(1)　統計的推論の概念

本節では計量値データ(すなわち連続量のデータ)を対象とした場合について，統計的手法として検定と推定について解説する．計数値のデータに関しても，ある条件のもとで同様に適用することが可能である．

モノづくり現場で日々取り組む生産活動によって産出される製品の特性は，何らかの計量値データにより把握されている場合が多い．これらの製品全体の集合を母集団とよび，工程の管理においては，何らかの特性を表すデータにもとづいて，この母集団の状態に関して正確に把握することが必要となる．例えば，ある工程で生産される製品の重量を特性(取り組むべき問題の評価指標)とするとき，その工程で作られる製品のすべての集合が母集団となる．一般に母集団は，正規分布 $N(\mu, \sigma^2)$ に従っていると仮定され，母平均 μ と母分散 σ^2(σ は母標準偏差)の母数を推測することが重要となる．

図 7.5 に示すように，母集団を特徴づける分布の型や母数に関する正確な情報をサンプル(標本)から得ようとすることを総称して統計的推論という．統計的推論は，分布の型の推論と分布の母数の推論からなる．

検定と推定とは，どちらも母集団の分布の母数に関する推論である．ここで，検定とは母集団分布の母数に関する仮定(仮説とよぶ)を統計的に検証する方法である．また推定は，母数をある値(点)として推定する点推定と，確率的な裏づけをもった区間として推定する区間推定に分けられる．また，分布の型に関する推論とは「母集団がどのような確率分布に従っているか」を推測するものであり，例えば適合度検定とよばれ

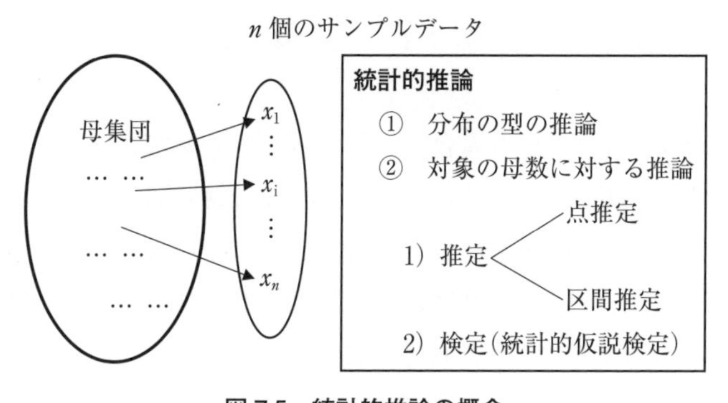

図 7.5　統計的推論の概念

る方法で推測される．

以下，「点推定と区間推定」,「仮説検定」,「1母集団の平均値の検定」,「1母集団の分散の検定・推定」を説明する．

(2) 点推定と区間推定

母集団から n 個のデータをランダムにサンプリングし，それらのデータ $x_1, x_2, \cdots, x_n$ を用いて，ある未知数の母平均 μ や母標準偏差 σ をある1点として推定することを点推定とよび，母平均の点推定値を $\hat{\mu}$(ミューハット)，母分散の点推定は，$\widehat{\sigma^2}$(シグマ2乗ハット)で表す．

ここで「＾(ハット)」は，推定値を表す記号であり，母平均や母分散の点推定値は以下のようになる．

$$\hat{\mu}=\bar{x}=\frac{1}{n}\sum_{i=1}^{n}x_i \tag{7.2}$$

$$\widehat{\sigma^2}=V=\frac{1}{n-1}\sum_{i=1}^{n}(x_i-\bar{x})^2 \tag{7.3}$$

ここで V は不偏分散とよばれる．点推定が母集団の分布の未知母数をある1点として推定する方法であるのに対し，区間推定は「母数がある幅をもった実数の閉区間 $[\mu_L, \mu_U]$ に入る確率が $1-\alpha$ である」という表現をする方法である．このときの区間を信頼区間とよび，信頼区間の上下限 μ_U, μ_L を信頼限界，確率 $1-\alpha$ を信頼係数，α(アルファ)を危険率とよぶ．

今，母分散 σ^2 が既知の場合と未知の場合において，n 個のサンプルデータを用いた場合の信頼区間を考えよう．信頼係数0.95(信頼率95％ともいう)における母平均の信頼区間は，表7.2のとおり与えられる．

ここで，$K_{0.025}$ は標準正規分布表における上側確率2.5％点(付表1)であり，$t(n-1, 0.05)$ は t 分布表(付表2)における自由度 $n-1$ の5％点を表している．

表 7.2　母平均の信頼区間

	σ^2 が既知の場合	σ^2 が未知の場合
μ_L(信頼下限)	$\bar{x}-K_{0.025}\sqrt{\dfrac{\sigma^2}{n}}$	$\bar{x}-t(n-1,\,0.05)\sqrt{\dfrac{V}{n}}$
μ_U(信頼上限)	$\bar{x}+K_{0.025}\sqrt{\dfrac{\sigma^2}{n}}$	$\bar{x}+t(n-1,\,0.05)\sqrt{\dfrac{V}{n}}$

【例題 1】

ある工程の母集団の特性(単位省略)の母分散 σ^2 は 2.4^2 であることが知られている場合を考えよう．

このとき，サンプル数 $n=9$ から得られたデータの平均が $\bar{x}=15.0$ であったとき，母平均の点推定値を求め，信頼率 95％で区間推定しなさい．

【例題 1】の考え方は以下のとおりである．

母平均の点推定値は $\hat{\mu}=\bar{x}$ となるので，$\hat{\mu}=15.0$ である．また，母集団の母分散が既知の場合に信頼率 95％での区間推定は，表 7.2 より以下のとおりとなる．

$$\mu_L=\bar{x}-K_{0.025}\sqrt{\frac{\sigma^2}{n}}=15.0-1.960\sqrt{\frac{2.4^2}{9}}=15.0-1.960\times 0.8=13.432$$

$$\mu_U=\bar{x}+K_{0.025}\sqrt{\frac{\sigma^2}{n}}=15.0+1.960\sqrt{\frac{2.4^2}{9}}=15.0+1.960\times 0.8=16.568$$

(3)　仮説検定

検定とは，「データの分布の母平均は 15.0g である」とか，「生産条件変更後の品質特性の母分散は，変更前と異なっている」といった母集団の分布に関する仮定(仮説という)を統計的に検証する方法である．統計的な検定は，仮説検定ともよばれるように，データを検証するのではなく，データの分布に関する仮説を検証する方法であるといえる．これらの仮説は，データの分布関数や分布の母数について設定される．

例えば，「コイン投げを独立に5回行い，5回とも表が得られた」という結果をもとに「コインの表の出る確率pが1/2であるかどうか」について検定を行うことを考える．このとき「$p=1/2$」と仮定したとすると，この仮説を帰無仮説とよび，H_0の記号で表す．これに対して，実際に主張したい「$p \neq 1/2$」を対立仮説といい，H_1の記号で表す．今，「コインの表の出る確率=1/2」と仮定すると，「5回連続で表が出る」という事象の確率は二項分布(付録A.1節)に従い，0.03125となる．この結果について「稀な現象が偶然起こった」と捉えることもできるが，仮説検定においては，対象とする現象の確率が小さい場合には「帰無仮説が誤っている」と判断し，「有意である」とする．この判断基準に用いる確率を有意水準，もしくは危険率などとよび，記号αで表す．一般にαの値としては，0.05か0.01が用いられる．有意水準とは，「本当は帰無仮説が正しいのに，正しくないと誤った判断をする確率」であり，この誤りのことを「第一種の過誤」，あるいは「あわてものの誤り」とよぶ．この例では「$p=1/2$なのに$p \neq 1/2$である」と主張していることである．

逆に「帰無仮説が正しくないときに，帰無仮説が正しい」としてしまう誤りを，「第二種の過誤」あるいは「ぼんやりものの誤り」とよび，その確率をβ(ベータ)で表す．すなわち，対立仮説が正しいのにそれを見逃してしまう確率で，この例では「$p \neq 1/2$に気づかないという誤り」のことである．

一般にαを小さくすればβは大きくなり，βを小さくするとαが大きくなるという関係がある．検定では，対立仮説が正しいときにそれを検出できることが重要であり，この確率$1-\beta$は検出力(Power of test)とよばれる．α，βの意味は表7.3に示したとおりであり，これらの誤りの前提のもと，統計的推論が行われている点に注意する必要がある．

表 7.3　α と β の関係

真実＼判断	H_0 が正しい	H_1 が正しい
H_0 が真	$1-\alpha$	α
H_1 が真	β	$1-\beta$(検出力)

(4)　1 母集団の平均値の検定

上記の検定の考え方を用いて，ここでは 1 母集団の母分散 σ^2 が未知の場合における母平均の検定について，$\alpha=0.05$ として考えてみよう．

この場合，母分散の推定値は $\widehat{\sigma^2}=V$((7.3)式)となり，n 個のランダムサンプルを採取する母集団の分布は t 分布(付表 2)と仮定して，母平均だけを推測の対象として考える．母平均 μ の検定とは，「母平均 μ がある基準値 μ_0(ミューゼロ)に等しい」という帰無仮説，すなわち $H_0：\mu=\mu_0$ を検定することである．

このとき，母平均が大きくなる方向と小さくなる方向それぞれへの変化をどちらも検出するためには，$H_1：\mu\neq\mu_0$ として両側検定を行う．また，大きくなる方向に変化したことを検出したいならば，対立仮説を $H_1：\mu>\mu_0$ と設定し，右片側検定を行う．逆に小さくなる方向への変化を検出するならば，$H_1：\mu<\mu_0$ として左片側検定を行うこととなる．いずれの場合も，得られた n 個のデータから検定統計量 $t_0=\dfrac{\bar{x}-\mu_0}{\sqrt{\dfrac{V}{n}}}$ を求め，帰無仮説 H_0 のもとで t 分布(付表 2)の有意と判断される領域(棄却域：R で表す)を設定する(図 7.6 の網掛け部分が棄却域となっている)．

検定統計量 t_0 が棄却域に入った場合，「有意である」といわれ，帰無仮説 H_0 を棄却して，対立仮説 H_1 を積極的に支持する．もし，棄却域に t_0 が入らなかった場合には，「有意ではない」ことになるが，上述の β の確率(状況によって 0 から $1-\alpha$ ぐらいまで大きな確率を取り得る)

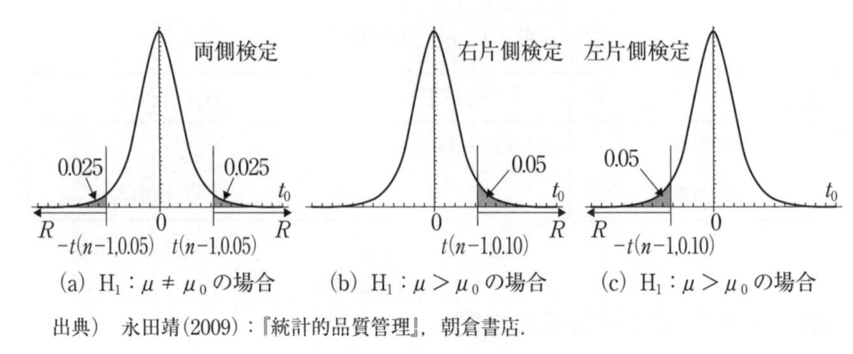

(a) H_1：$\mu \neq \mu_0$ の場合　(b) H_1：$\mu > \mu_0$ の場合　(c) H_1：$\mu > \mu_0$ の場合

出典)　永田靖(2009)：『統計的品質管理』，朝倉書店.

図 7.6　t 分布にもとづく棄却域 R の設定

で第二種の誤りを犯す可能性があるので，この場合，あまり積極的に H_0 を支持することができない点に注意すべきである.

これまでの考え方をもとに，母分散が未知の場合における母平均の検定(t 検定)は，以下の手順となる.

■平均値の検定手順(母分散未知の場合)

- STEP1：帰無仮説 H_0 と対立仮説 H_1(両側検定：$\mu \neq \mu_0$，右片側検定：$\mu > \mu_0$，左片側検定：$\mu < \mu_0$ のいずれか)を設定する.
- STEP2：有意水準 α および棄却域 R を設定する.
- STEP3：データの平均値を用いて，検定統計量 t_0 を求める.
- STEP4：検定統計量を用いて有意であるかどうかを判断する.

  H_1：$\mu \neq \mu_0$ の場合，$|t_0| \geqq t(n-1, \alpha)$ ならば有意となり，H_0 は棄却され，H_1 が採択される.

  H_1：$\mu > \mu_0$ の場合，$t_0 \geqq t(n-1, 2\alpha)$ ならば有意となり，H_0 は棄却され，H_1 が採択される.

  H_1：$\mu < \mu_0$ の場合，$t_0 \leqq -t(n-1, 2\alpha)$ ならば有意となり，H_0 は棄却され，H_1 が採択される.

【例題 2】

ある工程の母集団の特性(単位省略)の母平均が従来 13 であって，母分散 σ^2 は未知である場合を考えよう．

この工程において操業条件を変更後，サンプル数 $n=10$ から得られたデータの平均は $\bar{x}=15.0$，$V=7.333$ であったとする．このとき，母平均が大きくなったかどうかを有意水準 5%で検定しなさい．

【例題 2】の考え方は以下のとおりである．

- STEP1：仮説の設定

平均が大きくなったかどうかの検定なので，右片側検定となる．

$H_0 : \mu=\mu_0 (\mu_0=13)$

$H_1 : \mu>\mu_0$

- STEP2：有意水準と棄却域の設定

$\alpha=0.05$

$R : t_0 \geqq t(n-1, 2\alpha)=t(9, 0.10)=1.833$

- STEP3：検定統計量の計算

$$\bar{x}=15.0,\quad t_0=\frac{\bar{x}-\mu_0}{\sqrt{\dfrac{V}{n}}}=\frac{15.0-13}{\sqrt{\dfrac{7.333}{10}}}=2.336$$

- STEP4：判定と結論

$t_0=2.336>1.833$ であり，有意水準 5%で有意となる．

したがって，条件変更後の母平均は，大きくなったといえる．

右片側検定において，$\alpha=0.05$ なので，棄却域 R は $t_0 \geqq t(n-1, 2\alpha)$ となる(図 7.6(b))．下記のとおり一般的な t 分布表では自由度の記号として ϕ(ファイ)，確率として P を用いているので，$\phi=n-1, P=\alpha$ となり，表 7.4 より求める値は $t(9, 0.10)=1.833$ となる．

表7.4　t 分布表

$t(\phi,\ P)$

（自由度 ϕ と両側確率 P とから t を求める表）

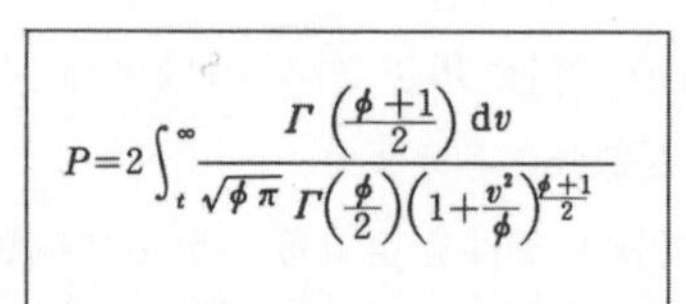

$$P=2\int_t^{\infty}\frac{\Gamma\left(\frac{\phi+1}{2}\right)\mathrm{d}v}{\sqrt{\phi\pi}\,\Gamma\left(\frac{\phi}{2}\right)\left(1+\frac{v^2}{\phi}\right)^{\frac{\phi+1}{2}}}$$

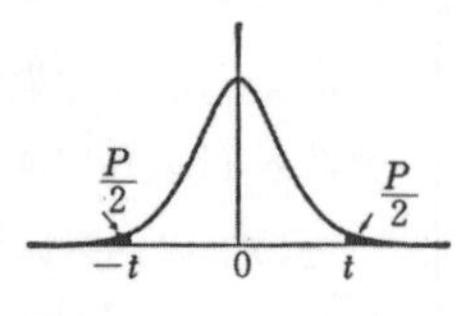

ϕ \ P	0·50	0·40	0·30	0·20	0·10	**0·05**	0·02	**0·01**	0·001	P / ϕ
1	1·000	1·376	1·963	3·078	6·314	**12·706**	31·821	**63·657**	636·619	1
2	0·816	1·061	1·386	1·886	2·920	**4·303**	6·965	**9·925**	31·599	2
3	0·765	0·978	1·250	1·638	2·353	**3·182**	4·541	**5·841**	12·924	3
4	0·741	0·941	1·190	1·533	2·132	**2·776**	3·747	**4·604**	8·610	4
5	0·727	0·920	1·156	1·476	2·015	**2·571**	3·365	**4·032**	6·869	5
6	0·718	0·906	1·134	1·440	1·943	**2·447**	3·143	**3·707**	5·959	6
7	0·711	0·896	1·119	1·415	1·895	**2·365**	2·998	**3·499**	5·408	7
8	0·706	0·889	1·108	1·397	1·860	**2·306**	2·896	**3·355**	5·041	8
9	0·703	0·883	1·100	1·383	1·833	**2·262**	2·821	**3·250**	4·781	9
10	0·700	0·879	1·093	1·372	1·812	**2·228**	2·764	**3·169**	4·587	10
11	0·697	0·876	1·088	1·363	1·796	**2·201**	2·718	**3·106**	4·437	11
12	0·695	0·873	1·083	1·356	1·782	**2·179**	2·681	**3·055**	4·318	12
13	0·694	0·870	1·079	1·350	1·771	**2·160**	2·650	**3·012**	4·221	13
14	0·692	0·868	1·076	1·345	1·761	**2·145**	2·624	**2·977**	4·140	14
15	0·691	0·866	1·074	1·341	1·753	**2·131**	2·602	**2·947**	4·073	15

出典）　森口繁一，日科技連数値表委員会編(2009)：『新編　日科技連数値表　第2版』，日科技連出版社．

(5)　1母集団の分散の検定・推定

分散の場合の検定も基本的な手順は，上述の母平均の検定手順で示したSTEP1～STEP4と同様になる．

従来の分散 σ_0^2 とした分散の検定(χ^2 検定)において，平均値の検定と異なる点は，検定統計量が χ_0^2(カイゼロ2乗)$=\dfrac{S}{\sigma_0^2}$ になることと，χ^2 分布にもとづいた棄却域(図7.7)を設定することである．ここで，S は平方和を表しており，サンプル数を n とすると，$S=\sum_{i=1}^{n}(x_i-\bar{x})^2$ である．

1母集団の分散の検定手順と推定の流れは，以下のとおりである．

- STEP1：帰無仮説 H_0：$\sigma^2=\sigma_0^2$ と対立仮説 H_1(両側検定 $\sigma_2^2\neq\sigma_0^2$，右片側検定 $\sigma^2>\sigma_0^2$，左片側検定 $\sigma^2<\sigma_0^2$ のいずれか)を設定する．
- STEP2：有意水準 α および棄却域(図7.7の(a)～(c)の R のいず

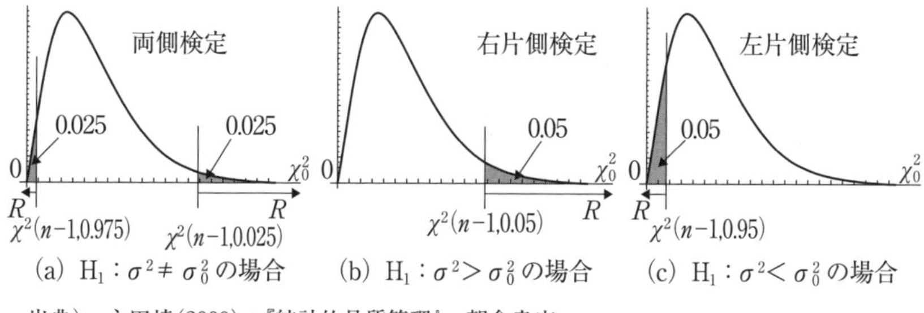

出典)　永田靖(2009)：『統計的品質管理』，朝倉書店.

図 7.7　χ^2 分布にもとづく棄却域 R の設定

れか)を設定する.

- STEP3：データの平方和を用いて，検定統計量 χ_0^2 を求める.
- STEP4：検定統計量と χ^2 分布表を用いて有意であるかどうかを判断する.

このとき σ^2 の点推定値は $\widehat{\sigma^2}=V$ であり，信頼係数 $1-\alpha$ の信頼区間は以下のとおりである.

$$\text{信頼下限}：\mu_L=\frac{S}{\chi^2(n-1,\ \frac{\alpha}{2})},\quad \text{信頼上限}：\mu_U=\frac{S}{\chi^2(n-1,\ 1-\frac{\alpha}{2})}$$

7.3　現場改善への活用

(1)　2 母集団に関する検定

検定の手順に関しては，基本的にはこれまで述べてきたSTEPのとおりで，2つの母集団における母平均の差の検定では，母分散の情報に応じて検定統計量が異なる．また，2つの母分散に関する検定では，F 分布にもとづいた母分散の比の検定を行うため，検定統計量 F_0 を用いる．現場において，2つの母集団を想定した問題解決・検証において，これらは有用といえる.

各々の検定では，母集団1：$N(\mu_1,\ \sigma_1^2)$ と母集団2：$N(\mu_2,\ \sigma_2^2)$ からそれぞれ n_1 個のデータ $x_{11},\ x_{12},\ \cdots,\ x_{1n_1}$ と n_2 個のデータ $x_{21},\ x_{22},\ \cdots,\ x_{2n_2}$ のラン

ダムサンプルを用いて必要な統計量 $\bar{x}_1$, $\bar{x}_2$, S_1, S_2, V_1, V_2 ,$V(=\dfrac{S_1+S_2}{n_1+n_2})$ などを計算し，表 7.5 に示される検定統計量を求めて検定を行う．

なお，2つの母平均の差に関する検定において，データに対応がある場合には，n 組の対応のあるデータの差を1つのデータ($d_i=x_{1i}-x_{2i}$, $i=1, \cdots, n$)として扱い，平均 $\bar{d}$，不偏分散 V_d を求め，表 7.6 の検定統計量を用いて，1つの母集団の場合と同様に検定を行う．

表 7.5　2つの母集団の検定に関する統計量

	母分散の状況	統計量の分布	検定統計量
母平均の差に関する検定	母分散既知	標準正規分布 u	$u_0=\dfrac{\bar{x}_1-\bar{x}_2}{\sqrt{\dfrac{\sigma_1^2}{n_1}+\dfrac{\sigma_2^2}{n_2}}}$
	母分散未知 $\sigma_1^2=\sigma_2^2$	t 分布	$t_0=\dfrac{\bar{x}_1-\bar{x}_2}{\sqrt{V\left(\dfrac{1}{n_1}+\dfrac{1}{n_2}\right)}}$
	母分散未知 $\sigma_1^2\neq\sigma_2^2$	t 分布の近似	$t_0=\dfrac{\bar{x}_1-\bar{x}_2}{\sqrt{\dfrac{V_1}{n_1}+\dfrac{V_2}{n_2}}}$
母分散の比に関する検定		F 分布	$F_0=\dfrac{V_1}{V_2}$

表 7.6　対応がある場合の2つの母集団の差の検定に関する統計量

	母分散の状況	統計量の分布	検定統計量
データに対応がある場合母平均の差の検定	母分散既知	標準正規分布 u	$u_0=\dfrac{\bar{d}}{\sqrt{\dfrac{\sigma_d^2}{n}}}$
	母分散未知	t 分布	$t_0=\dfrac{\bar{d}}{\sqrt{\dfrac{V_d}{n}}}$

(2)　検定手法の活用

現場における品質管理問題のための現状把握，要因解析，対策立案，効果の確認といったQCストーリーのステップ(表6.7)において，データにもとづく統計的手法は大変有効なツールといえる．

検定の手法では，数多くの記号や数式が出てくるが，手順については，図7.8で示す基本的パターンに変わりはない．検定を行う際には，以下の①～④の手順のもと，「何が検定統計量になるか」に注意して検定を行うことがポイントとなる．

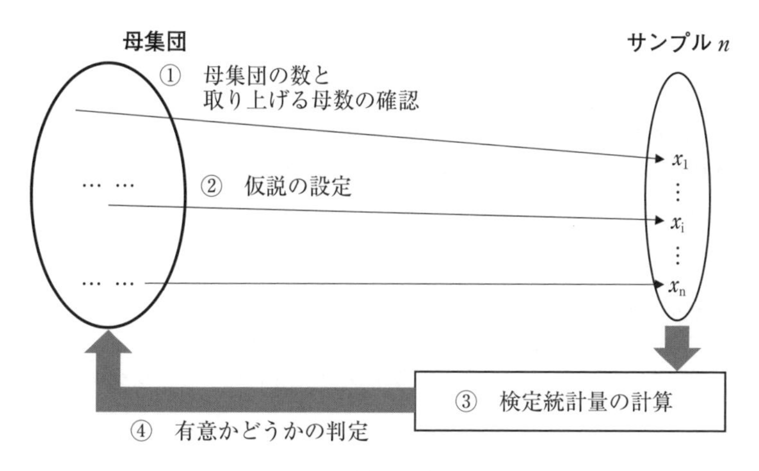

図7.8　検定のポイント

① 母集団の数と母数として取り上げるものの確認，および検定統計量の決定
② 仮説の内容(主張したいことを対立仮説とする)および有意水準αと棄却域Rの設定
③ データから平均$\bar{x}$，分散Vなどを求め，検定統計量を計算
④ 得られた検定統計量と棄却域Rにもとづいて，有意であるかどうかを判定

なお，検定においては，有意水準 α の確率で誤った判断を行う可能性があることに注意したうえで，活用することが重要である．

【演習問題】

(1)　ある製品特性値（単位省略）を測定したところ，表7.7の結果となった．表7.7から平均値，メディアン，モード，範囲の値を求めなさい．

表7.7　特性値データ

95	102	108	105	100	100	100	110	90	110

(2)　正規分布 $N(3, 16)$ に従う確率変数 X について，標準正規分布 $N(0, 1)$ の表を用いて $P(2 \leqq X \leqq 5)$ を計算する．以下における①～⑤に当てはまる数値を解答しなさい．

> 確率変数 X を標準化すると，
> $$P(2 \leqq X \leqq 5) = P(\text{①} \leqq Z \leqq \text{②})$$
> となる．数表から $K_\alpha = |\text{①}|$ となる $\alpha =$ ③で，$K_\alpha =$ ②となる $\alpha =$ ④なので，$P(2 \leqq X \leqq 5) =$ ⑤である．

(3)　ある電子部品の特性は従来，母平均が14，母分散が 2.4^2 であった．今回操業条件の変更を行った．表7.8に条件変更後の試作品10個の特性値を示す．母分散は変化しないとして特性値が変化したかどうかを有意水準5%で検定しなさい．また，条件変更後の特性値を信頼率95%で区間推定しなさい．

表7.8　データ表（単位省略）

15	18	12	20	16	16	11	14	15	13

(4)　ある製品の特性値データの平均は2.5 g，標準偏差は0.4gであった．この製品特性の規格上限が3.2 g，下限が1.8 gであった場合，C_pとC_{pk}を求め，結果について考察しなさい．

第 8 章
ジャストインタイム生産システム

8.1　フォードシステムから JIT 生産システムへ

第 3 章で述べたフォード・システムにおけるベルトコンベアによるライン生産方式の出現以降，単一あるいは少品種での効率的な大量生産が可能となり，低価格で高品質な製品が市場へ大量に供給されることとなった．その一方では，市場の成熟化に伴って，顧客のニーズは多様化し，これまでの大量生産方式から多品種少量生産を要求されることになった．このため少品種大量生産が実現してきた「製品の低コスト化と高流動生産の両立」が困難となり，多くの企業では，大ロット生産による低コスト化のみを志向することになる．

このような多品種少量生産の環境のもとで，トヨタ生産方式 [1,2] は，徹底的なムダの排除によるコスト低減と高流動生産を実現した画期的な生産システムであり，ジャストインタイム(Just In Time：JIT)生産システムとして，あるいはその中核である JIT を実現するためのかんばん方式(Kanban system)として国内外へと普及していった．

特に海外においては，1980 年代後半から製造業の復権を目指した米国を中心に活発な理論的研究が行われ，1990 年にマサチューセッツ工科大学から提唱されたリーン(Lean)生産システム [3] の原点ともなっている．リーンとは，「贅肉のない，引き締まった」という意味であり，今日，海外において JIT 生産システムはムダのない生産システムとして，リーン生産システムとよばれることが多い．

ここでは，まず JIT 生産システムの基礎概念とその運用手段の一つであるかんばん方式について説明する．さらに，かんばん方式をはじめ，同システムを支えるいくつかのサブシステムを紹介し，これまで述べてきたIEおよびQCの観点からの同システムのモノづくりにおける特徴などについて概説する．

8.2　JIT 生産システムの基礎概念

JIT 生産システムは，徹底的なムダの排除によるコスト低減を目指した生産システムであり，その基本理念は，平準化を基礎とする「JIT」とニンベンのある「自働化」である．ここでJIT 生産システムで排除の対象となる生産現場におけるムダを挙げれば，以下の7つのムダが挙げられている[1]．

① つくりすぎのムダ
② 手待ちのムダ
③ 運搬のムダ
④ 加工そのもののムダ
⑤ 在庫のムダ
⑥ 動作のムダ
⑦ 不良をつくるムダ

近年では，工業商品のみならず，農業やサービス分野へもJIT 方式は展開されており，「モノづくりマネジメント」における重要性が示されている．

(1)　JIT と自働化

JITとは，「必要なものを，必要なときに，必要なだけ生産する」理念であり，この理念のもとで，大野耐一[1]は，工程内および工程間で必要な情報を必要なときに伝える手段として「かんばん」を創案した．また，「いつ，何が，どれだけ必要かについて，最も早く，正確にわかる後工程が，使った分だけを前工程に引き取りに行き，前工程は引き取られた分だけを生産して補充する」という「後工程引き取り，後補充生産方式」を創造した．このとき，後工程が自工程の都合だけで一度にまとめて引き取れば，前工程はそのための在庫，あるいは生産能力を増やして対応しなければならず，負担を強いられることになる．したがって，後工程は前工程から引き取る部品の種類と量が平均化するように生産しなければならない．これを生産の平準化とよぶ．

例えば，3.3 節のロット生産で述べたように，ある工程が 1 日に 3 種類の製品 A，B，C を各々 40，20，10 個ずつ生産しなければならない工程を考える．このとき通常の生産方式では，製品 A，B，C の生産には，要求生産量ずつまとめてロット生産を行う（図 3.4）．一方，7 個を 1 サイクルとして ABACABA の順に生産し，これを 10 回繰り返して製品 A，B，C の要求生産量を生産する方法が，生産の平準化である（図 8.1）．

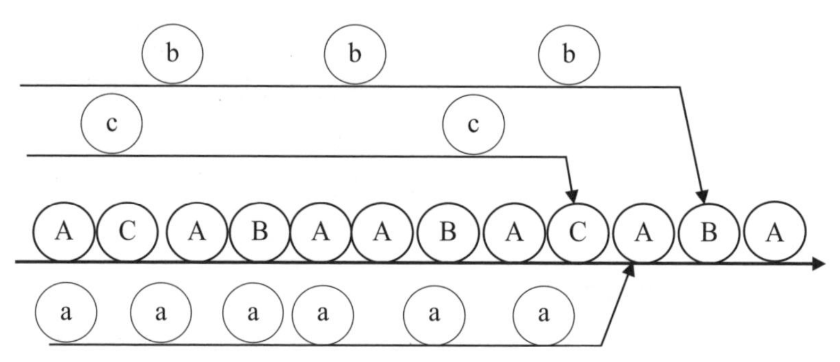

出典） 田村隆善，大野勝久，中島健一，小島貢利(2012)：『新版　生産管理システム』，朝倉書店．

図 8.1　平準化生産の概念

ここで a，b，c は製品 A，B，C に必要な部品であり，各々が別の前工程で生産されている．したがって，平準化生産においては，例えば部品 a を生産する前工程では，1 日に 40 個を生産する一定のペースで部品 a を生産すればよい．ところが，通常の生産方式では，1 日の 1/7 の間，製品 A をまとめて 40 個生産することになり，この生産スピードで部品 a を要求する前工程は，部品 a を 40 個生産しなければならない．あるいは，前工程であらかじめ1日の必要部品数40個を在庫としてもち，後工程へ供給することが必要となる．これら平準化の利点をまとめれば，以下のようになる．

① 前工程の部品使用量が安定化することにより，前工程の労働力と設備を効率的に運用できる．

② 小ロットないし1個流しの生産と運搬により，工程間在庫が低減する．

③ 生産リードタイムが短縮し市場の需要変動に柔軟に対応できる．

しかし，平準化の利点を有効にするためには，その前提として品種切替え時の段取時間(3.3節)の短縮が不可欠であり，異なる製品の作業に対する事前の訓練や治工具などの準備が必要となる．

自働化とは，第3章でも述べたように機械に人間の知恵を付与し，良品のみを生産する理念である．こうした理念にもとづいて「異常を自動的に検知して停止する自動機械」,「不具合が発生すれば作業者がラインを停止させ，再発防止の手を打つ生産ライン」などが生み出されている．

(2)　JITを支えるサブシステム

JIT生産システムを支えるサブシステムとして，例えば以下のものが挙げられる．特に「かんばん方式」については次節で詳細を説明する．

- かんばん方式：「後工程引き取り，後補充生産」を実現するための情報伝達手段である．
- 目で見る管理：工程の現状を把握するためにアンドン等を用いる．
- 少人化：需要の減少に応じて作業者も減少させる．
- 創意工夫：作業者自らの提案により継続的な改善活動を進める．

このとき，改善活動の第一歩となるのが5Sである．5Sは，整理，整頓，清掃，清潔，躾(しつけ)の頭文字を意味しており，以下のような取組みを行う．

- 整理：必要なものと不要なものを区別し，不要なものを直ちに処

分すること

- 整頓：必要なものを必要なときにすぐ使えるように置き場を決め表示すること
- 清掃：各自が分担し，責任をもって，汚れ・埃などをきれいにすることで，生産設備や人の能力が十分に発揮できる職場作りをすること
- 清潔：整理，整頓，清掃がなされた状態を維持すること
- 躾(しつけ)：決められたことを正しく守る習慣づけを行うこと

さらに，躾を最重要項目とする新 5S(躾，整理，整頓，清掃，清潔)も提唱されている．

8.3 かんばん方式

かんばん方式とは，製造現場がもつさまざまな不確実性(需要変動や設備故障，出勤状況の変化等)のもと，JIT 生産を実現するために考案された「後工程引き取り，後補充生産方式」における情報伝達・制御手段である．実際に各工程で使われるかんばん枚数が決められると，その工程はかんばんの運用ルールに従い，自律分散的に生産活動を継続する．

部品あるいは製品の収容箱には 1 枚のかんばんが付けられ，工程内または工程間を循環し，各工程における生産量や前工程からの部品の引き取り量を制御する．かんばんには大別して「生産指示かんばん」(仕掛けかんばんともよばれる)と「引き取りかんばん」の 2 種類がある(図 8.2)．

引き取りかんばんは，前工程が外注工場の場合，特に外注かんばんとよばれている．この場合，引き取りに行くのではなく，外注工場が定められた納入間隔で定期的に納入し，同時に発注を受ける方式を採用している．したがって，この引き取り方式は，在庫管理の観点から本質的には定期発注方式(4.2 節)であり，発注から納入までの納入リードタイムは，自社内に比べて相対的に長くなる．なお，今日では多くの現場で電

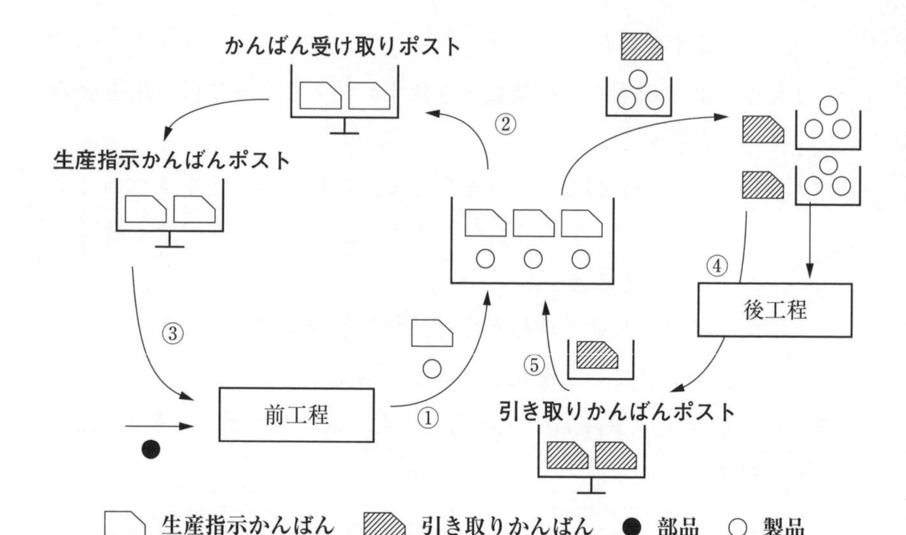

出典）田村隆善，大野勝久，中島健一，小島貢利(2012)：『新版　生産管理システム』，朝倉書店.

図8.2　2種類のかんばんの流れ

子かんばんが導入されており，納入リードタイムの短縮が図られている.

図8.2は2つの工程からなるかんばんの流れを示したものである．ここで，市場に近い側が後(あと)工程，原材料に近い側が前(まえ)工程となる.

① 各工程で生産された部品は収容箱に入れられ，生産指示かんばんが付けられて所定の場所に置かれる.

② 後工程がこの部品を引き取りに来たとき，生産指示かんばんを外して，かんばん受け取りポストに順に入れ，代わりに持ってきた引き取りかんばんをかけて収容箱に入った部品を持ち帰る．かんばん受け取りポストのかんばんは，適宜外れた順に生産指示ポストに置かれる.

③ 生産指示かんばんの順に，各工程に対応する部品を収容箱の容量(収容数とよぶ)だけ生産する．このとき，かんばんはその最初

の部品とともに工程を流れる.

④　後工程が前工程からの部品を用いて生産を始める際，収容箱の最初の1個を使用するときに，収容箱にかけられている引き取りかんばんを外し，引き取りかんばんポストに入れる.

⑤　定められたかんばん枚数が溜まったとき，あるいはあらかじめ定められた時間ごとに，後工程は，空の収容箱と一緒にかんばんを持って前工程へ部品を引き取りに行く．このとき，前者を「定量引き取り方式」，後者を「定期引き取り方式」とよんでいる.

また，かんばんを運用する際のルールは，以下のとおりである[4].

1)　後工程は，外れた引き取りかんばん分だけ前工程へ引き取りに行く.

2)　前工程は，生産指示ポスト内のかんばん分だけ，その順番に生産する.

3)　良品のみを生産し，後工程へ不良品を送らない.

4)　かんばんは，必ず現物に付けておき，実数と収容数が合わなければならない.

5)　かんばんのないときは運ばない．作らない.

6)　かんばんの枚数を減らしていく(在庫を減らし問題を顕在化).

特に6番目のルールは，生産システムにおけるボトルネック工程(11.2節)を見つけ出し，絶え間ない改善のサイクルを回す「仕組み」を与えるものである.

各工程は与えられたかんばん枚数のもとで，かんばんの運用ルールに従って発注と生産を行い，自律分散的に生産活動を継続することができる．そして，引き取りかんばんの枚数が前工程からの部品の収容箱単位の最大在庫量となり，生産指示かんばんの枚数が当該工程における製品の収容箱単位の最大在庫量に対応する．したがって，もしかんばん枚数を少なくすれば材料・製品切れを引き起こすことになり，逆に多くすれば，工程は過剰在庫を抱えることになる．このように，各工程におけるかんばん枚数の設定は，生産システムの性能を左右することとなり，本質的に重要な問題になる．

トヨタ自動車におけるかんばん枚数の計算式[2,4,5]は，生産指示かんばんの場合，以下のとおりである．

$$M=[(DL_P+I_S)/u] \tag{8.1}$$

ここで，Mは生産指示かんばん枚数，Dは平均需要量，L_Pは引き取りによりかんばんが外されてから生産が完了し，所定の位置に置かれるまでのリードタイム，I_Sは4.1節で述べた安全在庫量(安全係数)，uは収容数である．ここで，$[x]$はx以上の最小の整数を示す．

また，引き取りかんばん(定量引き取り方式)の場合，以下のとおりである．

$$N=[(DL_W+I_S)/u] \tag{8.2}$$

ここで，Nは引き取りかんばん枚数，L_Wは引き取りかんばんが外されてから引き取りが完了するまでのリードタイムである．ここで，Rを引き取り周期，Lを引き取りを開始してから完了するまでのリードタイムとすると，引き取りかんばん(定期引き取り方式)の場合，以下のとおりである．

$$N=[\{D(R+L)+I_S\}/u] \tag{8.3}$$

特に外注かんばんの場合は以下で与えられる．

$$N=[\{Da(1+c)/b+I_S\}/u] \tag{8.4}$$

ここでa-b-cは納入サイクルを表す定数で，a日間にb回納入し，受注後c回目に納入されることを意味する．そのため，納入間隔(周期)はa/b，納入リードタイムはac/bとなるので，(8.3)式で$R=a/b$，$L=ac/b$と置けば(8.4)式となる．

8.4　JIT 生産システムの特徴

(1)　JIT 生産システムの確率的性質 [4]

外注工場からの部品を用いて製品を完成させる生産指示・外注かんばんモデルを考える(図 8.3).

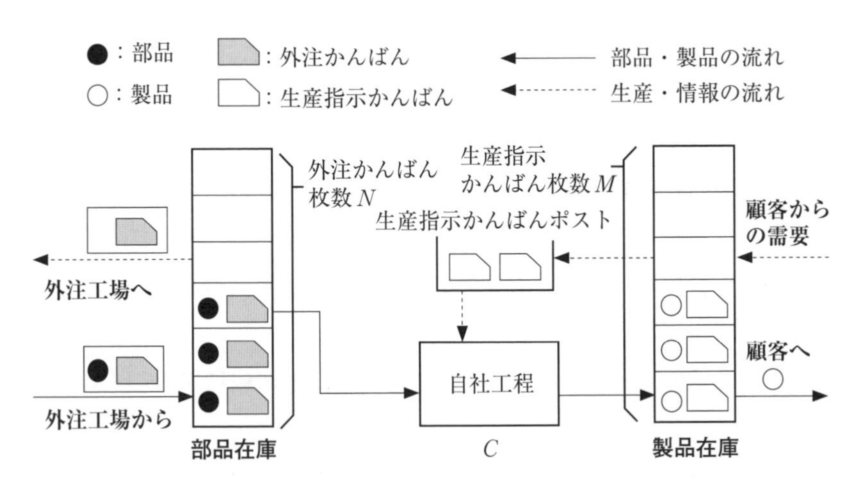

出典)　田村隆善，大野勝久，中島健一，小島貢利(2012)：『新版　生産管理システム』，朝倉書店.

図 8.3　生産指示・外注かんばんモデル

ここで，外注かんばん枚数を N，生産指示かんばん枚数を M と置く．さらに，部品あるいは製品の収容箱の収容数は 1 とするが，この条件が成立しない場合も以下と同様の議論が可能である．また，自社工程は単一品種製造工程であり，単位時間当たり生産能力を C と置く．そして，単位時間当たりの需要は平均値 D をもつ独立かつ同一の分布に従い，満たされなかった需要は繰り越されるものとする．以下，引き取り周期を 1 とし，納入リードタイムを L で表す．

生産指示かんばんと外注かんばんの 2 種類のかんばんを用いたかんばん方式では，第 t 期首の発注が第 $(t+L)$ 期首に納入される．すなわち，外注かんばん方式では，かんばんの回収(発注)と同時に L 期前に発注された部品の納入が行われる．この生産指示・外注かんばんを考慮したJIT生産システムでは，待ち行列理論(付録A.2節)を用いることで，以下の安定条件が導かれる[6]．

- 安定条件：$\min\{C, M, N/(L+1)\} > D$　　(8.5)

ここで，「JIT生産システムが安定である」とは，第 t 期の繰り越し需要量を B_t とした場合，$t \to \infty$ のとき B_t が定常分布をもつことを意味する．上式は $L+1$ 期間の平均需要量 $(L+1)D$ がその期間の生産能力 $(L+1)C$，最大生産指示量 $(L+1)M$ または外注かんばん枚数 N 未満であることがシステムの安定条件であることを示している．そして，繰り越し需要量の解析から平均費用を最小化する最適生産指示かんばん枚数と外注かんばん枚数を求めることができる[6]．

さらに，この安定条件のもとで，費用に関して次の理論的性質が示される．

① 生産指示かんばん，外注かんばん枚数あるいは生産能力が増加するにつれ，平均品切れ費用が減少する．

② 平準化生産により需要変動を抑えることで品切れ費用が減少する．

また，最適確率制御則を与えるマルコフ決定過程(付録A.3節)を用いることにより，同一条件の生産システムにおいて，外注かんばんを用いずに，平均費用を最小化する部品の最適発注量を決めることができる．このとき，得られた最適発注政策と最適外注かんばん枚数を用いた外注かんばん政策を数値的に比較した場合，需要分散が増加するにつれて両政策間の差が広がっており，平準化の重要性を示している．さらに，引き取り周期が大きくなるにつれ，2つの政策間の違いも広がっており，外注かんばん方式における引き取り周期が，その最適性に影響を与えていることを示唆している[7]．

(2) 多段階モデルにおける特性

多段直列型の N 工程からなる単一品種生産システムに関して，定期的に在庫量の観測を行い，「製品需要の確率的変動が前工程にどのように波及するか」を考察する．原材料が工程1から順に加工され，工程 N で製品として完成する．このとき，工程 n において，部品収容数 u_n が生産量 P_n に比べて小さい場合，生産能力 C_n や部品在庫量 I_{n-1} が十分大きければ，各工程 n における P_n および I_n の分散は，以下のとおりである[8]．

$$V(P_n) = V(P_{n+1}) = \cdots = V(P_N)$$

$$V(I_n) = L_P^n \, V(P_N)$$

ここで L_P^n は，工程 n の生産指示(または引き取り)かんばんが収容箱から外されてから部品の生産(または搬送)が完了し，所定の位置に置かれるまでのリードタイムである．これらの結果が，JIT 生産システムにおける1個流し(u_n=1 で引き取り，生産を行う)や，部品引き取りリードタイムの短縮(自社工場および外注工場を特定地域に集中させることによる引き取り時間の短縮や，電子かんばんによる即時発注の利用)の重要性を示唆している．

(3) 工程管理の特徴

JIT 生産システムの特徴をまとめれば，以下のとおりである．

① 改善による「徹底的なムダの排除」の「仕組み」と改善活動

② 多能工とU字生産ライン

③ 多種少量生産システムに適合した後工程引き取り，後補充生産方式(引き取りを訳してプル(pull)方式ともよばれている)

④ 自律分散型生産システム(かんばん方式による生産・発注指示)

上記③，④についてはすでに本章で述べてきたとおりなので，以下では上記①，②について補足する．

① 「徹底的なムダの排除」の「仕組み」と改善活動

JIT生産システムでは，これまで述べてきたとおり，IEとQCの管理技術(第2章，第5～7章)を組み込んだ改善の仕組みが取り入れられている．

JITを実現するためにさまざまな作業改善や，段取り時間の短縮などのIE的管理技術が適用される一方で，自働化を実践するためにQC的管理技術も活用されている．第2章で述べた工程系，作業系，管理系の観点からJIT生産システムを捉えると，各系間での相反する問題を自働化やかんばんなどを用いることで解決する取組みがなされているといえる[9]．

また，前節で述べた「かんばん枚数(最大在庫量)を減らすことで問題を顕在化させる仕組み」から，従来見えなかった不良品や設備故障などの問題を改善していく取組みを継続的に行うことができる．

管理技術面から見た，JIT生産システムの概要は，表8.1のようにまとめられる．

表8.1　JIT生産システムの概要

	2本の柱	
	ジャストインタイム	自働化
基本原則(平準化を基礎として)	①　工程を整流化する． ②　必要数でタクトを決める． ③　後工程引き取り・後補充とする．	①　品質を工程で造り込む． ②　省人(工数低減)
工程管理における具体的方策	①　段取り短縮による小ロット化を実施する． ②　標準作業を実施する． ③　かんばん方式を実施する．	①　異常が判り，異常で止まるようになる． ②　ヒトと機械の仕事を分離する．

② 多能工と U 字生産ライン

JIT 生産システムを特徴づけるものとして多能工と U 字生産ラインが挙げられる．多能工とは複数工程の作業を受け持つ作業者のことであり，U 字生産ラインとは，工程 1 から最終工程 N までが U 字型に配列され，原材料の入口と製品の出口が近接した生産ラインである（図 8.4）．工程 1 と最終工程 N を同じ多能工が受け持つことで，生産ライン内の部品在庫量を常に一定に保つことができ，また全工程を 1 人の多能工が受け持つことで，1 個流しを実現できる．1 人の作業者が通常静止した状態の品物に対して作業を行う 1 人生産方式と並んで，今日の需要の多様化と製品寿命の短命化に適合した数少ない生産方式である．

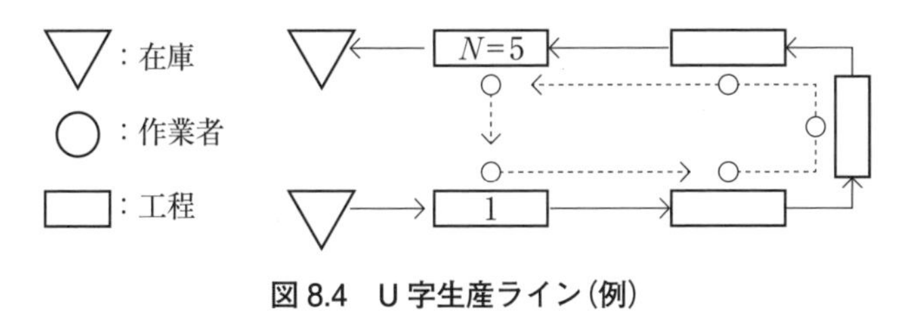

図 8.4　U 字生産ライン（例）

【演習問題】

(1)　JIT 生産システムと IE，QC の関係性について考察しなさい．

(2)　JIT 生産における平準化の意義と段取り時間の短縮法について考察しなさい．

(3)　JIT 生産においては，物の流れと情報の流れがどのように管理されているか考察しなさい．

(4)　かんばんの役割について考察しなさい．

(5)　身の回りの作業における見える化の事例を検討しなさい．

第 9 章
アカウンティング

9.1　経営分析の基礎

定期的に公表される財務諸表(貸借対照表，損益計算書，キャッシュフロー計算書)は，企業の経営状態を分析する基礎資料となる．

(1)　貸借対照表(Balance Sheet：B/S)

貸借対照表は，「当該企業の会計年度末における資金の運用状況である資産と，資金の調達方法である負債および純資産(自己資本)を表したもの」である．

資産の部と負債の部は，「一般的に 1 年以内での現金化または費用化が可能かどうか」を基準として，「流動資産」と「固定資産」，「流動負債」と「固定負債」に分類される．

表 9.1 の例に示されるように，表の左側部分において，資産の部が記載され，右側部分において，調達資金である負債の部，および将来返済が必要ではない純資産の部が記載される．

(2)　損益計算書(Profit and Loss Statement：P/L)

損益計算書は，「当該企業の会計期間中にどのような手法でどれだけ儲けたか(または損をしたか)を表すもの」である．企業会計における損益の計算は，損益計算書によって示されるため，企業の収益と費用から表 9.2 の例に示されるような，次の 5 つの利益を計算できる．

表 9.1 貸借対照表(例)

資金運用形態 / 資金調達源

(資産の部)	**(負債の部)**
流動資産	流動負債
現金および預金 売掛金および受取手形 有価証券 棚卸資産(製品在庫など) その他	買掛金および支払手形 短期借入金 その他
固定資産	固定負債
有形固定資産 機械装置 建物 その他	社債 長期借入金 その他
	負債計
	(純資産の部)
投資その他の資産	資本金
	資本金剰余金
	利益剰余金
	純資産計
資産合計(**総資産**)	負債・純資産合計(**総資本**)

① 売上総利益(粗利)=売上高−売上原価

売上高は主たる営業活動に伴う収益を意味する．また，売上原価とは，例えば製造業の場合，販売した製品に対応した製造原価のことをいう．なお，期末に存在する製品在庫は棚卸資産(表 9.1)として扱われることとなり，翌期以降に販売が行われた際に，売上原価として費用化する．

② 営業利益=売上総利益−販売費および一般管理費

販売費および一般管理費は営業費ともよばれ，販売活動に伴う費用や全般的な管理活動から発生する一般管理費など，製品を販売するために支出したすべての費用がこれに含まれる．そして，営業利益は，企業における本業での儲けを表す．

表 9.2　損益計算書(例)

項目		金額
売上高		10,000,000
売上原価		4,000,000
	①売上総利益	6,000,000
販売費および一般管理費		2,000,000
	②営業利益	4,000,000
営業外収益		2,000,000
営業外費用		500,000
	③経常利益	5,500,000
特別利益		1,000,000
特別損失		500,000
	④税引前当期純利益	6,000,000
法人税など		2,400,000
	⑤当期純利益	3,600,000

③　経常利益＝営業利益＋営業外利益

＝営業利益＋(営業外収益－営業外費用)

本業以外で得た利益(利息の受取りなど)や損失(利息の支払いなど)を足し引きしたもので，企業の財務活動の結果を含んだ利益を示す．

④　税引前当期純利益＝経常利益＋特別損益

＝経常利益＋(特別利益－特別損失)

経常利益から本業とは直接関係しない臨時的に発生した利益(固定資産の売却益など)および損失(災害による損失など)を足し引きしたものを表す．

⑤　当期純利益＝税引前当期純利益－法人税など

税引前当期純利益から法人税などを控除した後の利益を当期純利益といい，純利益もしくは当期利益ともよばれる．

(3) キャッシュフロー計算書(cash flow statements)

わが国では2000年3月期よりキャッシュフロー計算書の作成が義務づけられた．会計期間に生じたすべての取引について計算した収入と支出の差額を一般に，キャッシュフロー(Cash Flows：CF)とよぶ．CFはその要因から営業CF，投資CF，財務CFの3種類に分類される．

① 営業CF：販売や仕入，営業経費の支払いなどに関連するCFを示す．営業CFの計算方法には，直接法と間接法が存在する．

② 投資CF：将来の収益獲得のための事業資産への投資と余剰金の金融資産への運用・投資および過去の投資資金の回収金額の合計によって計算される．

③ 財務CF：借入金や株式による資金調達と返済に関するCFである．

(4) 各種経営指標

以上(1)～(3)項で示した項目を活用することで，表9.3のようにさまざまな経営指標を得ることができる．

9.2 モノづくり活動と利益

企業活動では，会計上で利益は出ているがキャッシュフローが悪化する(資金が不足する)場合がある．以下では，モノづくりにおける原価計算の基礎概念を概説し，モノづくり活動と利益の関係性について述べる．

(1) 原価の分類

製造原価とは，製品を製造するために要した費用のことであり，会計では，製品の製造原価は以下のように3分類，すなわち，材料費，労務費，経費といった形態別に分類し，製品の製造に要したすべての原価で計算する全部原価計算という方法が用いられる．

表 9.3　さまざまな経営指標

分　類	具体的な経営指標
(1)　貸借対照表にもとづく経営指標	①　流動比率＝流動資産／流動負債 1年以内に現金化できる資産は1年以内に返済すべき負債額よりも多いほうがよいが，1.0を割り込んでいてもすぐにその企業が倒産の危機にあるというわけではない．資金繰りができれば，負債の返済に問題はない．流動比率は2.0が理想とされているが，1.3から1.5の企業が多い．
	②　自己資本比率＝自己資本／総資本 返済する必要のない資本の割合を示している．
	③　固定比率＝固定資産／自己資本 1.0より小さいほうが安定的な企業であるといえる．事業形態を考慮した比較が必要である．
(2)　貸借対照表と損益計算書にもとづく経営指標	①　投資利益率(Return On Investment：ROI) ＝利益／投下資本 ＝(利益／売上高)×(売上高／投下資本) ＝売上高利益率×資本回転率
	②　自己資本利益率(Return On Equity：ROE) ＝当期純利益／自己資本 ROEは株主資本利益率ともよばれ，「株主資本(自己資本)がいかに効率よく利益に結びついているか」を示すものである．
	③　総資本利益率(Return On Assets：ROA) ＝利益／総資本
	④　棚卸資産回転率＝売上高／棚卸資産
	⑤　固定資産回転率＝売上高／固定資産

①　材料費：製品を製造するために消費した原材料の原価をいい，次のように求める．

$$材料費＝期首材料棚卸高＋当期材料仕入高－期末材料棚卸高 \tag{9.1}$$

また，製造工程に投入された材料が材料費として扱われる一方で，未投入の材料は棚卸資産として扱われる．

② 労務費：製造にかかわる人々の給料などのことをいう．

③ 経費：材料費と労務費以外の費用をいう．設備の減価償却費，光熱費，修繕費などがこれに該当している．

企業活動は永続的に行われており，企業活動に一定の会計期間を定め，会計期間ごとに記録を行っている．したがって，期間の最初と最後には，原材料在庫や仕掛品在庫(製造途中の中間品在庫のこと)，製品在庫といった棚卸在庫が存在する．そして，当期の各期末在庫が，翌期の期首在庫となる．

(2) 当期製品製造原価

当期の製品製造原価は次のように計算する．まず，当期の材料費，労務費，経費を合計し，当期の製造費用を以下のように求める．

当期製造費用＝材料費＋労務費＋経費 (9.2)

次に，当期製造費用に期首の仕掛品棚卸高の合計から，期末の仕掛品棚卸高を減じることにより，当期の製品製造原価を求める．当期の製品製造原価を当期の完成品数量で割ることにより，製品1単位当たりの製造原価を求めることができる．

当期製品製造原価＝期首仕掛品棚卸高＋当期製造費用
－期末仕掛品棚卸高 (9.3)

期末に存在している仕掛品は，製品とはなっていないため，当期製造原価の計算には含めずに，棚卸資産となる．

(3) 仕掛品評価と原価計算

製品と直接関連性が認識できる原価を直接費，それ以外を間接費とよび，表9.4のように形態別の原価を区分できる．ここで各間接費はまとめて製造間接費とよばれる．(9.3)式で当期の原価計算を行うためには，仕掛品の価額を評価する必要があり，仕掛品の評価は，直接材料費とそ

表 9.4　製造原価の分類

	材料費	労務費	経費
直接費	直接材料費	直接労務費	直接経費
(製造)間接費	間接材料費	間接労務費	間接経費

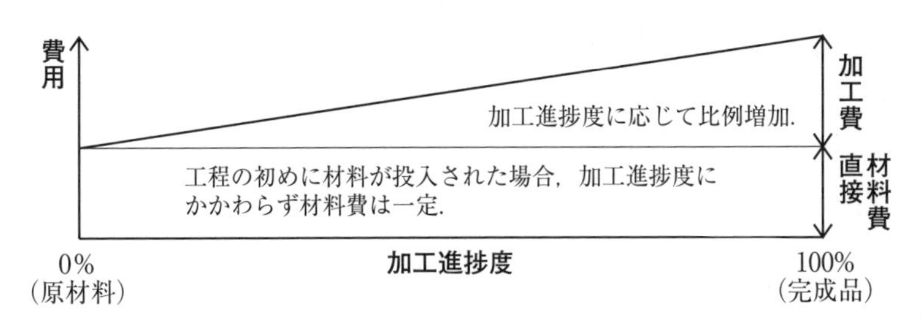

図 9.1　仕掛品評価の概念

れ以外(直接労務費，直接経費，製造間接費の合計)の加工費に分類したうえで行う必要がある.

仕掛品の評価額は，加工の進み具合を原材料(0%)から完成品レベル(100%)で表した加工進捗度(図 9.1)により求める．ここで材料は製造工程の初めにすべて投入されると仮定すると，直接材料費は加工進捗度によらず，完成品と同じ評価(100%)を行うこととなる.

これに対して，加工費は加工進捗度に比例すると考えて，「加工費は完成品何個分に相当するか」(完成品換算数量)を計算する．このとき，以下の手順により，仕掛品評価額を計算する.

①　仕掛品の完成品換算数量＝仕掛品数量×加工進捗度

②　当期製品 1 単位当たりの直接材料費＝(直接材料費 / 投入数量)

③　1 単位当たりの加工費＝(加工費 / 完成品換算数量)

④　仕掛品の評価額

＝製品 1 単位当たりの直接材料費×仕掛品数量＋製品 1 単位当たりの加工費×仕掛品の完成品換算数量

【例題 1】

1台150万円の製品を販売しているX社について考えてみよう．

製造部門の労務費，経費，販売費および一般管理費は，それぞれ300万，100万，300万である．ここで，材料の仕入額は1台分30万円であり，12台分を仕入れ，8台の売上があった．また，期首の棚卸資産は保有していなかったものとする．

X社は仕入れた12台分の材料を全量出庫後，12台の製造に着手して8台が完成し，4台が仕掛品(加工進捗度50%)となり，期末の棚卸資産になったと仮定する．

このとき，営業外損益および特別損益は考えないものとして，法人税などの実効税率を40%として考えた場合に，1台当たりの製造原価，売上総利益，営業利益，税引後利益，キャッシュフロー(＝収入－支出)を求めなさい．

【例題 1】の文章を数式化すると，以下のようになる．

売上高＝150(万円)×8(台)＝1,200(万円)

当期の製造台数＝8(台)＋4(台)×0.5＝10(台)

1台当たりの直接材料費＝30(万円)

1台当たりの加工費＝400(万円)÷10＝40(万円)

1台当たりの製造原価＝30＋40＝70(万円)

仕掛品評価＝30(万円)×4(台)＋40(万円)×4(台)×0.5
＝200(万円)

当期製造費用＝材料費＋労務費＋経費＝760(万円)

当期製品製造原価＝0＋760－200＝560(万円)

以上より，【例題 1】の解答は以下のとおりになる．

売上総利益＝売上－売上原価＝1,200－560＝640(万円)

営業利益＝売上総利益－販売費および一般管理費＝340(万円)

税引後利益＝営業利益－法人税など＝204(万円)

キャッシュフロー＝1,200－1,060－136＝4（万円）

9.3　損益分岐点分析（CVP）

企業が利益を上げ，資本を増やすには，製造するモノを販売するときに，「いくら以上で売れば利益が出るのか」，「いくら以下ならば損失を抱えるのか」といった基準をはっきりさせる必要がある．そこで，経営活動においては，ある一定期間での利益計画作成や，評価に役立つ手法である損失と利益が分岐する値（損益分岐点（Break-even point））を計算する損益分岐点分析（Cost-Volume-Profit analysis：CVP）が重要となる．

実際の企業経営では，店舗の土地代や従業員・アルバイトの給料，保険，光熱費，税金など，あらゆる要素が絡んでくることとなる．ここでは費用を「固定費」と「変動費」に分類し，売上高との関係から損益分岐点（図 9.2）を求める．

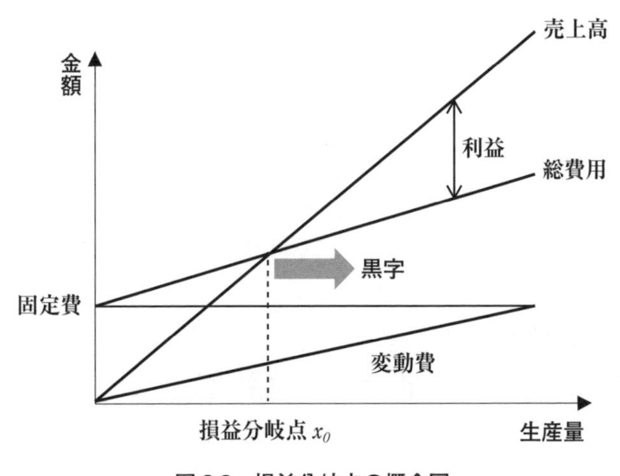

図 9.2　損益分岐点の概念図

(1)　CVP 一般化モデル

ある製品を数量 x 単位生産するときの費用を $g(x)$ 円で表す．$g(x)$ は x

に依存しない固定費（人件費や減価償却費など）と生産量 x に比例する変動費（材料費や光熱費など）で構成される．固定費を a 円，単位変動費を b 円と置けば，x 単位生産するときの費用は，

$$g(x)=a+bx \tag{9.4}$$

となる．製品の販売価格を p 円と置けば，利益 $f(x)$ 円は，

$$f(x)=px-g(x)=(p-b)x-a \tag{9.5}$$

となる．ここで $f(x)=0$ となる x_0 は，損益分岐点とよばれ，$x_0=a/(p-b)$ となる．すなわち x_0 以上の販売量を確保しなければ利益は出ないことがわかる（図 9.2）．

【例題 2】

ある製品の販売単価は 1,000 円であり，固定費が 650 万円かかり，1 個生産するには変動費 500 円かかるとする．

このときの損益分岐点 x_0 はいくつになるか．

【例題 2】の損益分岐点は以下のとおり，計算できる．

$$x_0=6{,}500{,}000(\text{円})/(1{,}000(\text{円})-500(\text{円}))=13{,}000(\text{個})$$

そのため，このとき得られる収益は（13,000（個）×1,000（円）＝）1,300（万円）であり，費用は（650（万円）＋650（万円）＝）1,300（万円）である．

(2) 優劣分岐点

上記(1)と同様の議論を用いて，「ある製造工程において，複数の生産設備 $i(i=1, 2)$ のどちらを用いて生産するのが有利であるか」を考えてみよう．

設備 i の固定費を a_i 円，単位変動費を b_i 円と置けば，生産量 x の費用 $g_i(x)$ は以下のようになる．

$$g_i(x)=a_i+b_ix, \quad i=1, 2$$

これにより，固定費および単位変動費の関係に応じて，有利になる設備が以下のように異なる．

① $b_1 \leqq b_2$ かつ $a_1 < a_2$ の場合：設備 1 が常に有利

② $b_1 \geqq b_2$ かつ $a_1 > a_2$ の場合：設備 2 が常に有利

③ ①，②以外の場合：

$g_1(x)$ と $g_2(x)$ の交点 $x' = -(a_1 - a_2)/(b_1 - b_2)$ の b_1 と b_2 の大小関係によって優劣関係が入れ替わる．この交点 x' を優劣分岐点とよぶ．

【例題 3】

【例題 2】の設備と異なる設備を用いて，同一製品を生産する場合を考える．製品の販売単価 1,000 円，固定費が 540 万円，1 個生産するには変動費 550 円がかかるとする．

問 1：このときの損益分岐点は，いくつになるか．

問 2：【例題 2】における製品 A と比較すると，優劣分岐点はいくつになるか．

【例題 3】の問 1 は以下のように計算できるので，損益分岐点は 12,000 個である．

$$x_0 = 5{,}400{,}000/(1{,}000 - 550) = 12{,}000(\text{個})$$

したがって，問 2 の回答は以下のようになる．

$$x' = -(6{,}500{,}000 - 5{,}400{,}000)/(500 - 550) = 22{,}000(\text{個})$$

ここで【例題 2】および【例題 3】の損益分岐点と優劣分岐点は図 9.3 のようになる．

9.4 投資意思決定

前節の優劣分岐点では，生産の固定費と変動費との観点から設備選択の問題を考えた．本節では，異なる時点における資金価値を考慮した投

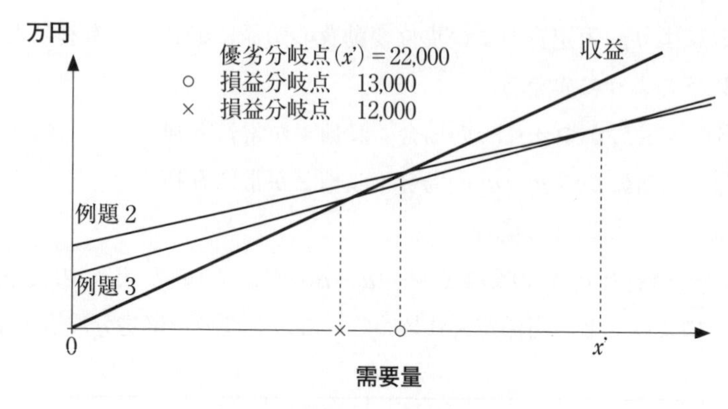

図 9.3 損益分岐点と優劣分岐点

資意思決定手法について概説する.

(1) 資金の現在価値

企業が投資により将来得られる利益(キャッシュフロー)を現在の価値で割り引いて評価し，今どれだけの価値があるかを考える方法として，DCF(Discount Cash Flow)法がある．この現時点での資金額を現在価値あるいは現価とよぶ.

例えば，1万円を年利1%の銀行に2年間預金すると，1年後受け取る額は $10{,}000\times(1+0.01)=10{,}100$ 円となり，2年後に受け取る額は，$10{,}000\times(1+0.01)^2=10{,}201$ 円となる．また，一般に C 円のキャッシュを年利 r%(割引率)で n 年間預けた場合の受け取り額は，$S=C\times(1+r)^n$ となり，この価値を終価とよび，このときの係数 $(1+r)^n$ は終価係数とよばれる.

したがって，年利 r% のもとで，n 年後に得られるキャッシュ S 円は現在価値に換算すると $C=\dfrac{S}{(1+r)^n}$ 円となる.

(2)　正味現在価値(NPV)

DCF 法の考え方を用いることにより，投資における正味現在価値(Net Present Value：NPV)を計算して，投資判断の評価尺度とする．

時点 0 で初期投資の支出額を C_0 円，1 年後から n 年後までに投資による収益 $C_i(i=1, \cdots, n)$ を得るものとする(図 9.4)．このとき，正味現在価値 NPV は，以下の式で表される．

$$NPV=\frac{C_1}{(1+r)}+\frac{C_2}{(1+r)^2}+\cdots+\frac{C_n}{(1+r)^n}-C_0 \tag{9.6}$$

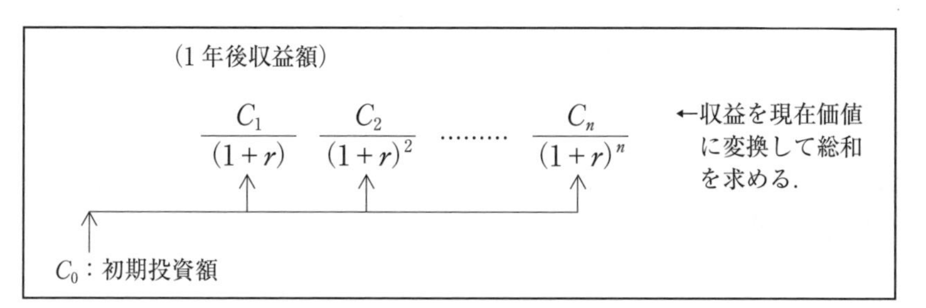

図 9.4　NPV の概念図

【例題 4】

初期投資額が 1,000 万円，計画期間が 5 年，年利 1％で毎年 300 万円の収益が得られる場合の NPV を求めなさい．

【例題 4】の解答は以下のとおりである．

$$NPV=\frac{300}{(1+0.01)}+\frac{300}{(1+0.01)^2}+\cdots+\frac{300}{(1+0.01)^5}-1{,}000(\text{万円})$$

$$=4{,}560{,}293(\text{円})$$

(3) その他の経済性評価法

NPV のほか，投資案の経済性を評価する方法として，回収期間法と内部利益率法について述べる．

① 回収期間法：毎年得られる利益の累計額が投資額と等しくなる期間の長さを計算する方法である．計算利率による調整を行う方法と行わない方法がある．初期投資額 C_0 に対して毎年一定の利益 P が得られるとき，計算利率による調整を行わない方法では，回収期間 M は「$M=C_0/P$」で与えられる．

② 内部利益率法：毎年末に P 万円が n 年間にわたって得られるときの総利益が初期投資額 C_0 に等しくなる年利率 r を投資利益率とよび，その値をもとに投資意思決定を行う．

【演習問題】

(1) A社においては，当期5,000万円の投下資本により，3,500万円の利益を獲得し，B社においては，当期8,000万円の投下資本によって，5,200万円の利益を得た．それぞれROIを求めて両社を評価しなさい．

(2) 【例題1】において，Y社では12台仕入れた材料のうち8台を出庫後に製造着手し，8台の製品を完成させた．残り材料4台分については，期末の棚卸資産となった．このとき，その他の条件は【例題1】と同じとし，X社と同じ指標について求めなさい．

(3) 【例題1】において，Z社では12台仕入れた材料のうち12台を出庫後に製造着手し，12台の製品を完成させた．未販売の4台分については，期末の棚卸資産となった．X社と同じ指標を求めなさい．

(4) 【例題1】と問題(2)(3)の結果について比較・考察しなさい．

(5) ある製品Aの販売単価は800円，製品の固定費が500万円，1個生産するには変動費300円がかかるとする．このときの損益分岐点 x_0 はいくつになるか求めなさい．

第 10 章
商品開発マネジメント

中・長期にわたる新商品の開発計画は，複雑で多数にわたる作業から構成されており，各作業間には先行関係が存在している．また，商品の不具合やクレーム，環境への対応などを考慮した商品開発におけるマネジメントが求められる．本章では，商品開発プロセスにおける各種マネジメント手法について解説する．

10.1 PERT・CPM 手法

本節では，新商品開発などの大規模なプロジェクトを計画・管理するための技法として PERT(Project Evaluation and Review Technique)について解説する．

PERT 手法は，1958 年初め，米国海軍のポラリス開発計画において考案された．この計画では，ミサイルの研究開発，試作，試験，生産と同時に，ポラリス搭載潜水艦の建造ドックや港湾設備なども含めた膨大な部門が互いに関連をもっており，このシステムに関係する契約会社も多くあった [1]．これら多数の作業の関係性をネットワーク図の形で表し，プロジェクトの開始から終了までの所要時間を求め，最も作業時間のかかる作業経路(クリティカル・パス)に着目して，その進捗管理をするための技法がPERTである．これは，新QC七つ道具におけるアロー・ダイアグラム法ともよばれている(6.3 節)．

(1) PERT手法

① アロー・ダイアグラム

表10.1　作業リスト(例)

作業	先行作業	所要日数
A	—	4
B	—	5
C	A	3
D	B, C	2

PERT手法によるプロジェクト日程管理では，まず対象のプロジェクトを構成する作業のリストを作成する．例として，表10.1に示される4つの作業からなるプロジェクトを考えてみよう．

作業(A～D)に関しては，所要日数が与えられ，作業C, Dを開始するためには，それ以前に完了しておかなければならない先行作業が存在していることがわかる．例えば，作業Cを開始するためには，それ以前に作業Aを完了していなければならない．このとき，作業Aは作業Cの先行作業とよばれ，作業Cは作業Aの後続作業とよばれる．この作業リストにもとづき，プロジェクト全体をネットワークの形で表したものをアロー・ダイアグラム(Arrow diagram)とよぶ(図10.1)．

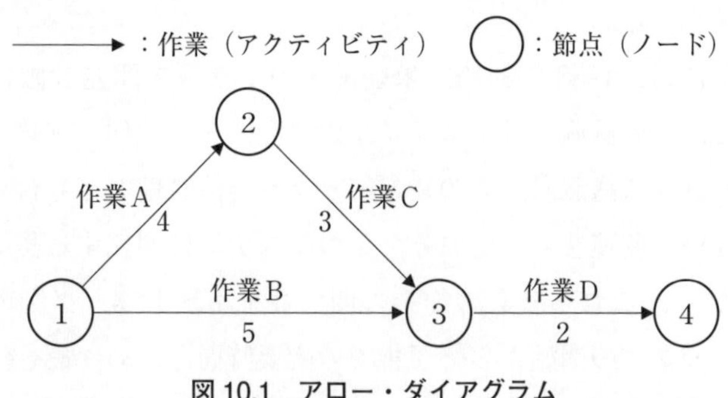

図10.1　アロー・ダイアグラム

ここで，プロジェクトを構成する作業は，矢印をもつ線で表されて，アクティビティ(Activity)とよばれ，作業の所要時間についての情報が付随する．一方，作業の開始および終了時点は丸印で表され，節点とよばれる．このネットワーク上の節点は，ノード(Node)またはイベント

(Event)とよばれる．節点には，時刻の早いほうから番号をつけ，これを節点番号とよぶ．したがって，1つの作業は前後の節点番号の組合せによって，表現することができる．例えば，図10.1において，矢印の近傍の数字は作業の所要日数を表しており，作業Aは節点番号の組(1, 2)によって表される．

アロー・ダイアグラム作成の際には，次の基本規則に注意する．

1)　2つのノード間に含まれる作業は1つとする(作業の一意性)

同時作業がある場合は，時間(および経費)のかからないダミー作業を導入し，点線の矢印で表現する(図10.2)．

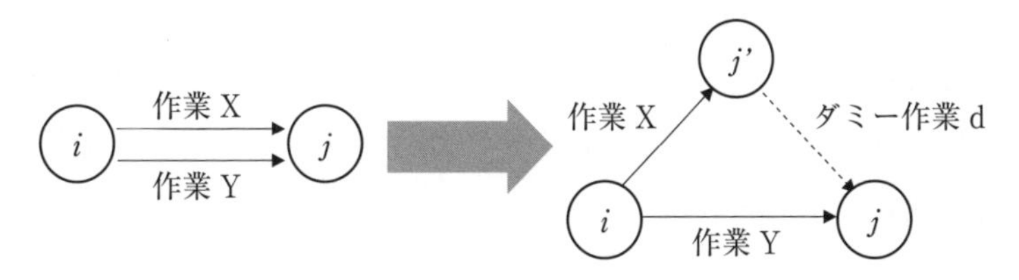

図 10.2　ダミー作業の利用

2)　矢印の方向に向かって大きくなるノード番号づけを行う．

3)　同一ノードに入る(から出る)作業は共通の後続(先行)作業をもつ．例えば，図10.1でノード③に入る作業B，Cの共通の後続作業は作業Dとなる．

4)　アロー・ダイアグラムのなかに閉ループが存在すれば，ある作業のつながりが無限に繰り返されることを意味するため，閉ループをもたない．

5)　プロジェクトの開始と終了を各々一つのノードにまとめる．

②　節点時刻とクリティカル・パス

PERTで使用されるいくつかの作業日程を示す．

1)　最早節点(ノード)時刻(TE_i)

各節点から出ている作業が，最も早く開始できる時刻(Earliest

node Time)である．作業(h, i)の作業時間をt_{hi}とすると，最早節点時刻は次式で与えられる．

$$TE_i = \max_h (TE_h + t_{hi})$$

例えば，図10.1の節点1～3の最早節点時刻は以下になる．

$$TE_1 = 0,\ \ TE_2 = 0 + 4 = 4,$$

$$TE_3 = \max_{h=1,2}(TE_h + t_{h3}) = \max(0+5,\ 4+3) = 7$$

$$TE_4 = 7 + 2 = 9$$

2) 最遅節点(ノード)時刻(TL_j)

各節点で終わる作業が，遅くとも完了していなければならない時刻(Latest node Time)である．

終点のTE_nをTL_nと置き，節点番号の大きい順に(終点から始点に向かって)計算する．kをjの後続節点とすると，最遅節点時刻は次式で求められる．

$$TL_j = \min_k (TL_k - t_{jk})$$

図10.1において$TE_4 = TL_4$と置き，後ろ向きに上式の計算を行う．$TL_4 = 9$である結果を使うと，節点1～3は以下になる．

$$TL_3 = 9 - 2 = 7,\ \ TL_2 = 7 - 3 = 4,$$

$$TL_1 = \min_{k=2,3}(TL_k - t_{1k}) = \min(7-5,\ 4-4) = 0$$

これらの節点時刻は，次のアルゴリズムで簡単に計算できる．

<節点時刻の計算アルゴリズム>

- STEP1：各作業(i, j)の所要時間を表す所要時間表をアロー・ダイアグラム(または作業リスト)から作成する．
- STEP2：$TE_1 = 0$と置く．$TE_i (i = 2,\ \cdots,\ n)$の計算は，第$i$列を縦方向に探し，この列にある作業時間$t_{hi}$と，すでに計算されている$TE_h$との和を作り，そのなかの最大値をとる．
- STEP3：$TL_n = TE_n$と置く．$j = n-1, \cdots, 1$に対してTL_jの計算は，第j行を横方向に探し，この行にある作業時間t_{jk}を，

表 10.2　節点時間計算補助表(表 10.1 の作業リストにもとづく)

TL_j	0	4	7	9		
j	1	2	3	4	i	TE_i
		4	5		1	0
			3		2	4
				2	3	7
					4	9

すでに計算されているその列の TL_k から引いた値を計算し，そのなかの最小値をとる.

表 10.2 は図 10.1 で示される各節点時刻を示している.

3)　最早開始時刻(ES_{ij})と最遅完了時刻(LF_{ij})

最早開始時刻(Earliest Starting time)は，作業(i, j)が最も早く開始できる時刻を意味し，節点 i の最早ノード時刻に等しく，$ES_{ij}=TE_i$ となる．また，最遅完了時刻(Latest Finishing time)は，作業(i, j)が遅くとも完了していなければならない時刻を意味し，節点 j の最遅節点時刻に等しいので，$LF_{ij}=TL_j$ となる.

4)　最早完了時刻(EF_{ij})と最遅開始時刻(LS_{ij})

最早完了時刻(Earliest Finishing time)は，作業(i, j)が最も早く完了できる時刻を意味し，$EF_{ij}=ES_{ij}+t_{ij}$ となる.

最遅完了時刻(Latest Finishing time)は，作業(i, j)が遅くとも開始されなければならない時刻を意味し，$LS_{ij}=LF_{ij}-t_{ij}$ となる.

5)　総余裕時間(TF_{ij})

最早開始時刻と最遅開始時刻の差を総余裕時間(Total Float)とよび，$TF_{ij}=LS_{ij}-ES_{ij}=LF_{ij}-EF_{ij}=TL_j-TE_i-t_{ij}$ で与えられる.

これらの日程計算を行い，総余裕時間 TF が 0，すなわち全く余裕のない作業を見つけ出すことができる．それらの作業は，もしその完了が 1 日でも遅れれば，プロジェクト全体の工期が遅れてしまうこととなる.

これらの作業を結んだ経路をクリティカル・パス(Critical Path)とよび，作業遂行に際し，重点的な管理を必要とする．前述した図10.1のアロー・ダイアグラムにおける日程計算は，表10.3のとおりであり，クリティカル・パスは，A→C→Dとなる．

表10.3　図10.1の日程計算とクリティカル・パス

作業	*ES*	*LF*	*EF*	*LS*	*TF*	*CP*
A(1, 2)	0	4	4	0	0	*
B(1, 3)	0	7	5	2	2	
C(2, 3)	4	7	7	4	0	*
D(3, 4)	7	9	9	7	0	*

(2)　CPM手法

CPM(Critical Path Method)手法は，1958年前半，デュポン社とレミングランド社の共同研究により開発された．その目的は，プロジェクト目標達成のための費用計画を立案することにあった．ここで開発されたCPM手法では，プロジェクト全体のダイアグラムの作成，特急作業による工期短縮と費用曲線の関係性などが調べられた[2]．PERT手法が所要日数に着目しているのに対し，同時期に開発されたCPM手法では，納期との関係から人員，機械や資材などの費用を考慮しつつ作業を管理することを目的としている．

①　作業日数短縮と費用勾配

納期を守るために，プロジェクト全体の所要日数を短縮しなければならない場合，PERT手法で求めたクリティカル・パスを短縮することが求められる．このとき，人員や機械，資材などの何らかの資源を投入することにより，作業日数の短縮を図るため，それらに対する費用が発生することとなる．

平均的な作業日数の場合を標準日数，そのときの費用を標準費用とよび，資源投入により標準日数を短縮したときの日数を特急日数，その日数とするために必要となる費用を特急費用とよぶ．ここで，ある作業を 1 日短縮するために必要な費用の増加分である費用勾配は次式で求められる．

$$\text{費用勾配} = \frac{\text{特急費用} - \text{標準費用}}{\text{標準日数} - \text{特急日数}}$$

作業日数短縮が技術的に不可能な場合には費用勾配を∞と置く．表 10.1 の作業リストにおいて，費用勾配および短縮可能作業日数の情報を与えたリストを表 10.4 に示す．所要日数の短縮を考えるときには，図 10.1 および表 10.4 のリストにもとづいた計算を行う．

表 10.4　作業リストと費用勾配

作業	A	B	C	D
費用勾配	1	4	2	∞
短縮可能日数	1	2	2	0

② 所要日数の最適化

CPM における計算手順をまとめると以下のとおりである．

- 手順 1：標準所要日数(時間)をすべての作業に与える．
- 手順 2：クリティカル・パスを求める．
- 手順 3：すべてのクリティカル・パス上で費用勾配の和が最小のカット(クリティカル・パス上で開始節点と完了節点を切断する作業の場合)を求める．
- 手順 4：手順 3 の費用勾配で限界まで日程を短縮する．
- 手順 5：手順 4 の費用増加分を求める．
- 手順 6：手順 4 での日程をもとに手順 2 へ戻る．

表10.3よりクリティカル・パスはA→C→Dであり，プロジェクトの所要日数は9日である．そこで，クリティカル・パス上にあって費用勾配が最小の作業Aをまず1日短縮する．費用1単位を支払うことにより，図10.1の所要日数は8日となり，クリティカル・パスは変わらない．

次に所要日数を短縮するためクリティカル・パス上で短縮可能な作業Cを1日短縮する．これにより，Aの短縮費用と合わせて合計3単位費用を支払うことで，A→C→DとB→Dがクリティカル・パスとなり，所要日数は7日となる(図10.3)．

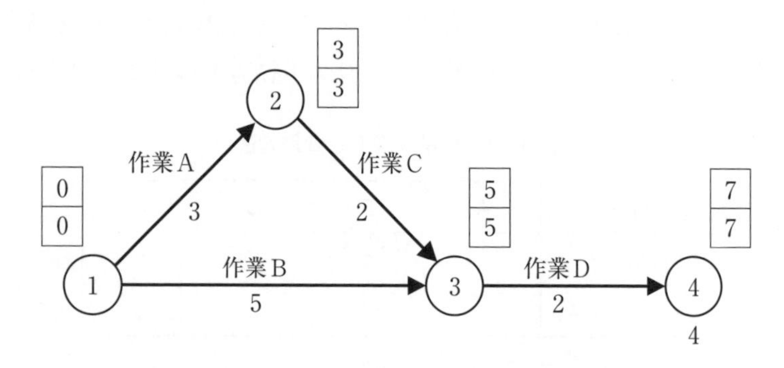

図10.3 作業A，Cを1日ずつ短縮

さらに2つのクリティカル・パスを同時に短縮するクリティカル・パス上の作業(カットとよぶ)を考える．クリティカル・パスを寸断する経路は，作業A，Bまたは，作業B，Cとなる．作業Aは短縮不可能なため，作業Bと作業Cを同時に短縮することになる．したがって，所要日数を1日短縮することができるので，各作業を1日ずつ短縮する．

この結果，所要日数は6日となり，それまでの短縮費用3単位と作業B，Cの短縮費用6単位を合わせて，合計9単位となる．作業Bをさらに短縮することも可能であるが，もし作業Bを1日短縮しても，A→C→Dがクリティカル・パスとなるため，所要日数は6日のままとなり，作業Bを短縮しても所要日数は変化しない．したがって，合計9単位費用を追加することによって，標準作業日数より3日短縮することができ，所要日数は6日となる．このようにCPM手法では費用を考慮しつつ，所要日数の最適化を図ることができる．

10.2　コンカレント・エンジニアリング

商品企画・開発では，「提供する製品やサービスが，顧客のもつ要望を満たしているかどうか」という顧客満足(Customer Satisfaction：CS)の観点が重要になってきている．また，「市場の要望に適合するための商品を生産者側が企画，設計，生産，販売するためのマーケットイン」，あるいは「商品の企画・設計をする際に，研究開発部門や製造部門，外注購買部門などが協議し，商品開発期間の短縮や商品原価の低減などを行うためのデザインイン」といった活動が要求されるようになってきた．

従来の商品開発では企画から設計，生産準備，販売準備といった各プロセスが独立かつシーケンシャルに進められてきた(図10.4)．

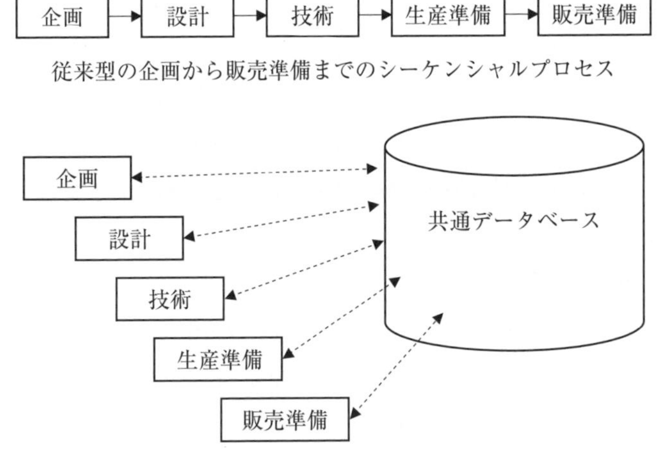

図10.4　コンカレント・エンジニアリング(CE)におけるプロセス(例)

このため，各プロセスが終了した後に別のプロセスで問題が発生した場合には，それまでの段階を遡って問題の解決に当たり，再度，各段階を経て最終のプロセスまで進められることとなる．このとき，新商品の企画から販売までのリードタイムが長くなるため，その間に市場の環境が変化して顧客のニーズを満たすことができず，企業間競争で遅れをとるリスクが存在した．そこで，商品企画から設計，生産準備，販売準備までの過程をパラレルに行うことにより，全体的に商品開発期間の短縮を可能にする方法として，コンカレント・エンジニアリング(Concurrent Engineering：CE)が脚光を浴びるようになった．

CEにおいては，企画，設計，技術，生産準備，販売準備などの各プロセスが共通のデータベースをもつため，情報の共有化を行うことで，効率的な開発業務を進めることを可能としている(図10.4)．これにより，開発期間を短縮し多様な消費者ニーズに合った製品をタイムリーに市場へ投入して，企業間競争で優位に立つことができる．このようなCEのもとでは，IT(Information Technology)を基盤とする計算機援用のCAD(Computer Aided Design)，CAM(Computer Aided Manufacturing)，CAE(Computer Aided Engineering)や，シミュレーション技術などの活用が不可欠であるといえる．

N社におけるノートPCの開発で，従来8カ月かかっていた開発期間を3.5カ月に短縮した国内の事例[3]や，3次元CADを利用したボーイング社における航空機787型機の開発事例などが知られている．

10.3 設計開発にかかわる管理手法

(1) 品質機能展開(Quality Function Deployment)

品質機能展開は，1970年前後から新商品開発において顧客要求を設計に活かし，その意図を生産段階に正確に伝えようとするニーズから考えられたアプローチである．JIS Q 9025：2003においては，「製品に対する品質目標を実現するためにさまざまな変換，および展開を用いる方法論で，品質展開，技術展開，コスト展開，信頼性展開，および業務機能展開の総称」と定義されている．これは，言い換えると「新商品などの開発に当たり，顧客の要求をもとに要求品質を決定し，これを実現するための構成要素(機能・部品・サービス)の品質を体系的に図式化(二元表など)することで，設計前に品質保証を行おうとする手法」である．

図 10.5 は QFD のフレームワークであり，顧客の要求から品質特性決定までの流れが「①ユーザーの要求発掘」，「②要求項目の整理」，「③要求品質の設定」，「④品質特性の検討」として構成されている．

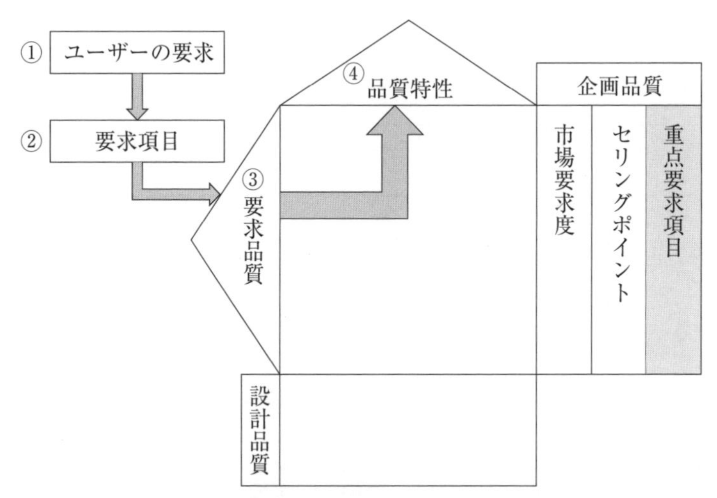

出典)　中島健一編著(2012)：『経営工学のエッセンス』，朝倉書店．

図 10.5　品質機能展開の概念

QFD は商品開発やサービス向上，業務機能展開などさまざまな分野において応用されており，各組織体の業務効率化にも大きな効果を上げている．例として小型ディーゼルエンジン搭載の作業機に関する QFD の事例(一部抜粋)を図 10.6 に示す．

ユーザーの市場要求品質 ＼ 品質特性			一次	保守，点検，整備性，解体性，リサイクル性									
			二次	保守・点検，整備の費用およびリサイクル費用が安い．手間がかからない．									
			三次	点検所要時間	整備所要時間	故障時の復旧時間	部品の互換性共通度	構造	強度	材質	耐久性	廃棄
一次	二次	三次	重要度									
保守・点検や整備がやりやすい．	容易に保守，整備ができる． 確実に点検ができる． 点検がわかりやすい． どんな条件下でも点検ができる． 安心して点検ができる． 点検が速くできる．	保守・整備マニュアルがある． 保守・整備工具がある． 計測機器がある． 整備技術の教育が行われている． 点検・整備要員の力量がある．	5	◎	◎	◎	○	◎	○	○	◎	△
分解や解体がやりやすい．	どのような条件下でも容易に，簡単に確実に分解，解体が安心してできる．	分解や解体に必要なマニュアル，器具や工具類が準備されている． 必要な要員の教育・訓練が行われ力量がある．	5	◎	◎	◎	○	◎	○	○	△	△
リサイクルができる．	リサイクルの分別が簡単である． 廃棄が容易である．	分別基準のマニュアルがある． 分別品の保管所がある． 管理担当が明確である． リサイクル(環境対応)設計が行われている．	5	−	−	−	○	○	○	◎	○	○

◎関係が深い　○関係がある　△やや関係がある

図 10.6　品質機能展開(例)

(2)　信頼性解析手法

代表的な信頼性解析手法であるFMEAおよびFTAについての概要は以下のとおりである．

①　FMEA(Failure Mode and Effects Analysis)

システムや装置などの故障・不具合の防止を目的に，潜在的な故障・不具合を未然防止するための体系的な管理技術であり，システムを構成する各部品レベルからシステム全体のレベルへと解析を進めていく帰納的手法を用いている．これは，「故障モードと影響解析」ともよばれ，製品設計段階における設計FMEAと，製造工程設計段階における工程FMEAとに分けられる．

1)　設計FMEA(設計故障モード影響解析：Design FMEA)

製品を構成する部品，ユニットごとに単純化された故障モードを挙げ，これら故障モードが製品に及ぼす影響を予想することにより，潜在的な事故・故障を設計段階で予測し対策を検討する．

2)　工程FMEA(工程故障モード影響解析：Process FMEA)

工程管理部門が製造工程における故障発生の原因，メカニズムを追求し，工程の改善を行うために使われる．

これは表10.5に示されるFMEAチャートを作成し，システムが構成される低いレベルから高いレベルに，システムへの影響解析を進めていく帰納的手法である．さらに，これら故障モードに

表10.5　FMEAチャート(例)

部品	故障モード	故障の影響		分析	対策
		サブシステム	製品システム		
始動スイッチ	破損	電流が流れない	始動不能	寒冷地では重要問題	耐久性の検討が必要

対して，故障が発生する確率や発生した場合の影響の大きさ，および発生の見つけにくさなどを評価・採点し，ランクづけを行い，重大な事故・故障を予防するアプローチがある．

② FTA(Fault Tree Analysis)

故障の木解析ともよばれ，FMEA手法と並び，国内外でよく活用されている手法である．米国ベル研究所のH. A. Watsonが考案し，1965年ボーイング社により完成した．

FTAは，システムや機器に発生することが望ましくない事象を「頂上(トップ)事象」として設定することで，このトップ事象を発生させる要因を検討しつつ，原因となる個々の「基本事象」を求める解析手法である．すなわち，「トップ事象」を木の頂点に見立て，このトップ事象とそれを発生させる複数の要因との関係をANDゲート，ORゲートなど論理記号を活用して表現した樹形図のようなFT図(図10.7)を用いて，定性的あるいは定量的に解析するものである．

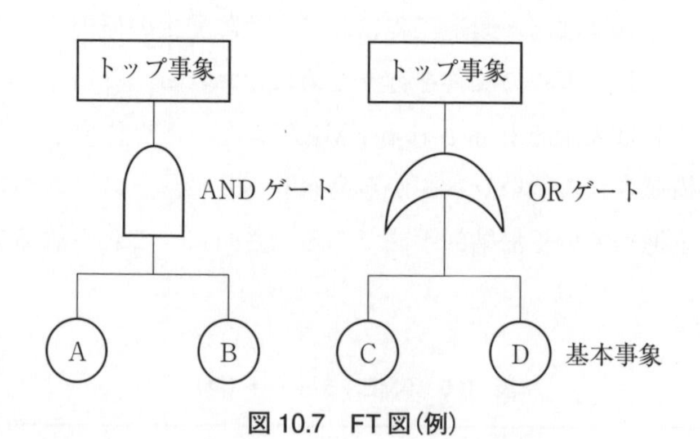

図10.7　FT図(例)

図10.7においてANDゲートとは，基本事象AおよびBの両方が生起した場合にトップ事象が起こることを表す論理記号であり，ORゲートとは，基本事象CまたはDが起こるときに，トップ事

象が起こることを意味している.

FMEA が構成部品からシステム全体への影響を捉えるボトムアップ手法なのに対して，FTA 手法はトップ事象を中心として，その発生要因に関する解析を行うトップダウン手法といえる.

(3)　環境配慮設計

近年，製造業においては，国連の SDGs や企業の社会的責任(CSR)の観点から，地球環境問題への積極的な対応が求められており，各企業は個々の設計・製造活動などにおいて，環境維持・保全へ配慮することが要求されるようになってきた．また，生産者がその製品の生産・使用・廃棄後も適正な処理について，一定の責任を負う拡大生産者責任(Extended Producer Responsibility：EPR)の概念が重要となってきており，使用済み製品をすぐに廃棄物とはせずに，積極的に「回収・分解・再利用(生産)・処分」するといった，環境へ配慮した取組みが求められている．このような視点から，製品の設計や生産のプロセスにも新たな試みが必要となってくる．同様に 4.4 節で述べた部品中心生産における部品の共通化も設計段階での対応が必要となる.

したがって，モノづくり企業は，将来の廃棄処理コストや環境リスクを回避するために，あらかじめ廃棄処理しやすい製品あるいは廃棄物になりにくい製品となるように設計の段階から工夫することが必要になる．また，製品の原材料，製造，輸送，使用，再利用・リサイクル，廃棄など，全ライフサイクルを考慮したライフサイクルアセスメント(Life Cycle Assessment：LCA)により，環境負荷を定量的に評価し，環境負荷の大きい部分を早い段階で効果的に低減するなどの取組みを行うことも重要である．ここで，LCA の流れは「①目的及び調査範囲の設定」,「②インベントリ分析」,「③インパクト評価」,「④結果の解釈」となっており，これらは国際標準規格(ISO 14040)で規格化されている.

(4)　設計品質の評価

モノづくりにおいては，源流管理が重視されるようになり，新商品開発時の品質管理が重要となっている．そのため，「開発段階で重要な品質を明確化し，どのように具現化するか」が求められている．これは，設計品質が企業経営に大きく影響するため，製造品質と同時に設計品質を確かめる必要があるからである．表10.6(次頁)に示される10項目において，設計品質を評価することが提案されている[4]．

設計品質の評価のポイントは，顧客の立場(ユーザーサイド)から見て「他社商品と比較して競争優位性がどの項目，どの点で，どの程度あるのか」が重要となるが，「新商品を設計した時点でいかに他社競合商品と差をつけられるか」が品質経営の最も必要な活動である．設計品質の善し悪しが会社の業績に大きく影響したり，設計品質が問題を起こし，失敗するとクレームを招いたりする．したがって，設計品質の評価は体系的に行うことが求められる．特に「故障が少ない商品や故障が多い商品は，信頼性が高い・低い」という場合があるが，故障期間を初期故障，偶発故障，摩耗故障と分類(図10.8)して，故障を少なくする信頼性および安全性を考慮した設計と品質評価を適切に行うことが重要である．

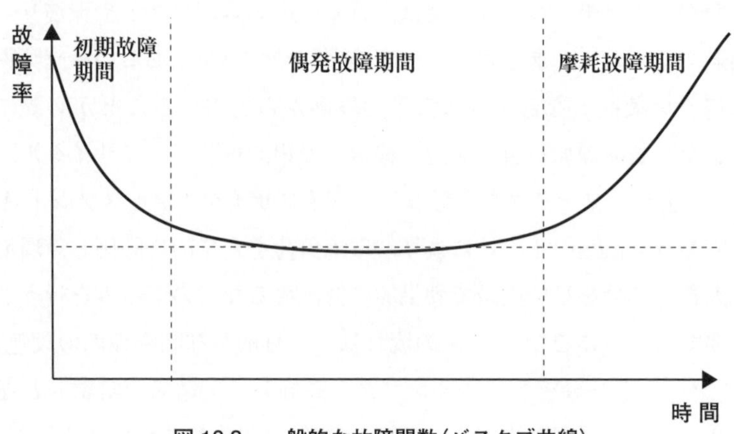

図10.8　一般的な故障関数(バスタブ曲線)

表 10.6　設計品質の評価に関する基本的な 10 項目の概要(基本形)

基本項目	定　義	具体例(産業用小型エンジン)
①　性能(機能，作業性)	性能とは，当該製品の用途・使用目的に対して発揮される肝心な"はたらき"のこと．能力，仕事の効率．	• 出力，トルク，回転速度 • 建設(土工)機械の掘削力，掘削深さ，排土量
②　信頼性 耐久性	信頼性とは,「故障の起りにくさ」のこと． 耐久性とは「性能その他の特性の経時変化の度合い(時間的品質)」「構成部品の寿命」「環境・使用条件の変化に対応する性能・耐久性の変化の度合いと限界」のこと．	• MTBF，MTTF • 無解放保証時間 • 保守整備時間間隔 • 部品の整備限界・交換限界時間 • 保護装置の利用 • 水油洩・防蝕・防錆・褪色性
③　経済性	ユーザーズコスト(ライフサイクルコスト・ランニングコストなど)の大小のこと．	• 総燃料費，潤滑油費 • 補油，補水間隔 • 消耗品コスト • 保守整備コスト(メンテナンスフリーの度合い) • 下取価格(価値)
④　取扱いやすさ 操縦性	使いやすさ，コントロールのしやすさのこと．	• 始動 • 停止の難易 • 回転速度などの制御のやりやすさ，安定性
⑤　安全性 安心性	安全性とは，当該製品を使用中，危険(人身事故・火災発生など)のないこと． 安心性とは，当該製品を安心して使用できること．	• 回転部の安全覆 • 高温部の防護・製品の表面温度 • 取扱いミスに対するポカヨケ • 注意表示など事故予防策
⑥　居住性 無公害性 環境性	居住性とは，使用上不快感の少ないこと． 低公害性とは，周辺第三者への迷惑の少ないこと． 環境性とは環境にやさしい製品のこと．	• 振動 • 騒音レベル(全回転速度域) • 汚損 • 臭気 • 排気ガス • 煤煙 • 未燃焼ガス
⑦　保守・整備性 解体のしやすさ リサイクル性	保守性とは，保守・点検，調整，整備などのやりやすさのこと． 解体性とは，故障発生時の修理・復旧作業のやりやすさのこと． リサイクル性とは，地球環境に悪影響がないように他の性質に変換すること．	• 保守点検，調整，整備所要個所の多少 • 保守点検，調整所要時間(定期) • 保守整備所要時間(定期) • 故障修理所要時間(臨時) • 部品の共通性，標準化の度合い
⑧　搭載性 据付性 運搬性	搭載性とは，作業機への搭載・結合・据付に手間のかからないこと，取合せのよいこと． 据付性とは，搭載・結合後の騒音・振動，局部応力の発生などの少ないこと． 運搬性とは，吊上・運搬・移動・梱包・開梱などのやりやすさのこと．	• コンパクトさ(重量・容積) • 外部との結合部(カップリング・配管・配線など)の適合 • 操縦勝手 • 点検，調整，整備勝手の適合 • 許容傾斜角度 • 旧商品，競合商品との換装性
⑨　外観	外観とは，見た感じ・手触り・塗装・配色・スタイルなどのよさのこと．	• キズの有無 • デザインの善し悪し
⑩　遵法性 法適合性	遵法性とは，各種法規制への適合，各種規格への適合のこと．	• 関連法規制，要求事項 • 労働安全衛生法 • PL 法

持続可能社会の構築が求められる今日，時代のニーズに応じたさらなる評価項目の検討も期待される．

【演習問題】

(1) アロー・ダイアグラムにおけるダミー作業の役割について考察しなさい．

(2) 表10.7の作業リストにおいて，クリティカルパスを求め，CPMにより費用を考慮した所要日数の短縮を行い，考察しなさい．

表10.7 作業リストと費用勾配

作業	先行作業	所要日数	費用勾配	短縮可能作業日数
A	−	5	∞	0
B	−	10	2	1
C	A，B	1	∞	0
D	C	21	3	4
E	C	4	6	1
F	E	14	5	1
G	D，F	7	∞	0

(3) コンカレント・エンジニアリングを活用した商品開発事例について調べ，従来手法との比較について考察しなさい．

(4) QFD手法を活用した商品開発事例を調べ，その効果について考察しなさい．

(5) FMEAまたはFTAに関する解析事例を調べ，その効果について考察しなさい．

第 11 章
マネジメントにおける情報技術活用

11.1　生産情報システム

今日の情報技術(Information Technology：IT)の進展は目覚しく，従来の科学技術計算や事務処理の分野から多岐にわたる分野へと広がってきた．企業経営においても従来の管理志向的な事務計算から，経営戦略やマネジメントシステムへの活用がなされている．従来の経営資源であったヒト・モノ・カネに加えて，今日の企業においては「情報」が経営資源として有用になってきたとも見ることができる．経営システムは，企業システム以外にもさまざまなシステムがあり，各システム内外において，情報・通信ネットワークが構築され，組織のパフォーマンスを向上させるための支援を行っている．

本章では，これまで述べてきたモノづくりシステムにおける管理技術(Management Technology：MT)を活かすために重要となるIT活用に焦点を当て，これまでのMT手法を振り返りしながら，マネジメントにおけるITあるいは情報システムの役割について概観する．

(1)　戦略的情報システム(SIS)

市場環境の変化に伴い事業構造のリストラクチャリングやリエンジニアリングの取組みが，企業システムにおいて求められている．その実現のためには，経営戦略と情報システムとの関係性において，一層の緊密化が不可欠と考えられている．そのような概念を最初に提唱したのが戦略的情報システム(Strategic Information System：SIS)であった．

SISとは，情報システムを経営戦略に活用して競争優位に立つことを目指すものであり，その背景には，通信制度の自由化と情報・通信技術の急速な進展に支えられた企業間や国際ネットワークなどがあった．

従来の情報システムは，管理指向の業務処理を中心として事務的な側面から経営を支援するために役立つ情報を提供してきた．しかし，企業間競争が激化するにつれ，さらなる優位を実現するために，情報や情報通信ネットワークを活用して外部との交流・連携を深め，コミュニケーションを緊密化することが必要となった．したがって，従来の間接的な情報システム支援から，システムそのものを経営戦略上の武器とすることが不可欠となったといえる．その具体的な形として，コンピュータ統合(括)生産システム(Computer Integrated Manufacturing：CIM)や販売ネットワークシステムなどが挙げられる．

(2) コンピュータ統合生産システム(CIM)

販売管理，設計・開発，生産管理，製造といった1.1節で述べた3つの軸における業務の流れを総合的にシステム化し，企業活動全体の効率化を目指したものが，CIMシステムである．このCIMの形態は，一般に図11.1において示されるような発展過程に分類・定義できる[1]．

最初の段階では，CIMは日本型として生産と販売の一体化したシステム，もしくは米国型として研究・開発と生産の一体化を中心としたシステムと考えられていた．第2段階では，さらに一歩進んで，生産・技術・販売を一体化したシステムと考えられた．そして第3段階では，生産・技術・販売に必要な人事や経理などの経営管理まで含むものと考えられた．一般的には，2段階目の範囲でCIMを定義している場合が多く，したがってCIMは，生産や管理の自動化をシステム的に推進し，各種アプリケーションを統合化することにより，企業の経営効率や生産性を高めるものとして注目された．技術側面，特に情報処理能力や通信技術

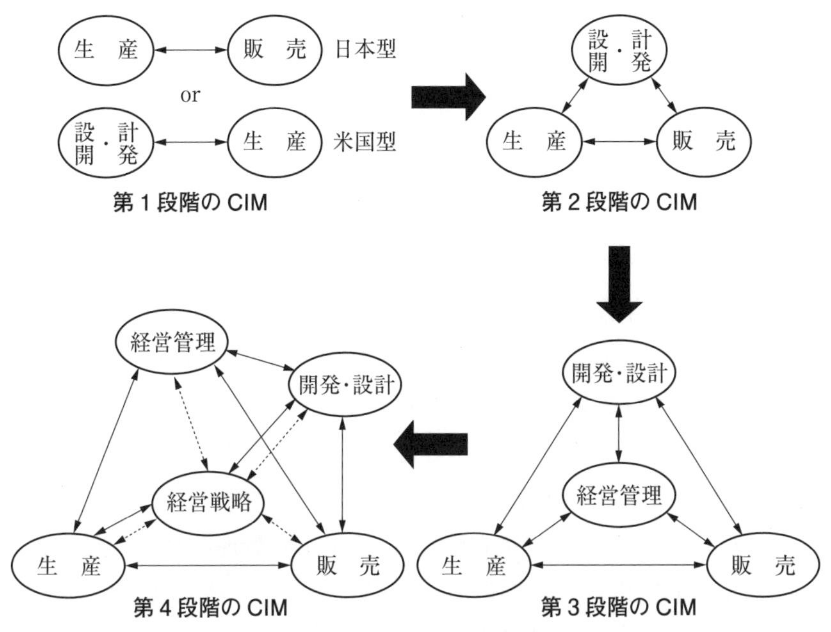

出典）　栗山仙之助（1995）：『総合経営情報システム研究』，日本経営協会総合研究所．

図 11.1　CIM の発展過程

の進展に伴って，現代社会における顧客ニーズの多様化・短納期化に対処するために求められていた総合的システムの構築が，可能になったといえる．これにより，情報システムにおける経営の効率化が図られ，さらにその後は，経営戦略も視野に入れた第４段階の総合的な CIM が指向されてきたといえる．

(3)　POS システムと EDI

近年の情報通信技術の発展により，生産システムと販売システムがより緊密に結びつき，効果的な生産活動や販売活動を行うことが可能となっている．ここでは，その代表的システムとして POS（Point Of Sales）システムと EDI（Electronic Data Interchange）について簡単に解説する.

① POSシステム

POSシステムは，情報・通信ネットワークにもとづき，販売実績や顧客情報などを直接的かつ即座に収集するための販売時点情報管理システムである．これによって収集された情報を分析した結果は，マーケティングや新商品の開発などに活かされる．近年では，発注時点情報管理POO(Point Of Order)，配送時点情報管理POD(Point Of Distribution)や納入時点情報管理POR(Point Of Receipt)を含んだ総合的システムとして捉えられている．顧客ニーズが多様化し，商品ライフサイクルも短縮化していくなか，これら情報技術の活用によって，商品別管理ができるようになっており，また商品別のプローモーションや在庫管理，各種収益管理なども可能としている．例えば，1.1節で述べたマーケティングや第10章で触れた商品開発を行う際にも重要となる．さらに，小売における生鮮食品などの分野において，POSデータを活用し，利益を最大化する最適価格割引政策などを求めることが可能となる[2].

② EDI

EDIは，もともと単なる電子データの交換であったが，その利用の際に，コンピュータや通信ネットワークを利用するため，それらの整備が課題であった．1988年には，国連で国際取引に関する電子化作業が始まり，また今日では，社内における電子稟議導入や企業間商取引などにも用いられるようになってきた．EDIは，企業内の単なる「データ」の交換であった時代から，今日の情報通信インフラストラクチャーの整備や，ネットワーク技術の進展により，商品の受発注，出荷，支払などグローバルなデータ交換・情報交換として活用される時代となったといえる．例えば，国内における製造業，卸売業，小売業が連携した組織である製・配・販連携協議会においては，EDIを活用して，次節で示すサプライチェーンの効率化などに取り組んでいる．

11.2　サプライチェーン・マネジメント(SCM)

わが国をはじめとして，各国の経営体では，コスト低減を中心とした生産・物流システムの効率化が進められ，各地域単位で市場・生産などにかかわる情報を収集し，地域単位での戦略計画を立案し，実施することを目指している[1]．さらに，インターネットをはじめとする今日の情報通信技術の進展に伴い，海外に存在し距離的に離れた経営体との間で，必要な情報を必要なときに共有化することが容易となった．これにより，経営体における意思決定は，これまでの国内のみにおける判断から，関連する海外企業の情報も考慮した総合的な意思決定が求められるようになった．

本節では，資材，部品の調達から製造，物流，販売といった一連の連鎖全体の最適化を目指した経営モデルとして知られている，サプライチェーン・マネジメント(Supply Chain Management：SCM)とその問題解決アプローチとなる制約理論(Theory Of Constraints：TOC)，さらにSCMの問題点について解説する．

(1)　SCMの基礎概念

サプライチェーンとは，「部品・資材サプライヤー－製造業－卸売業－小売業－顧客」という生産・販売プロセスにおける供給活動の連鎖構造を意味する．そしてSCMとは，「資材供給から生産，流通，販売に至る物又はサービスの供給連鎖をネットワークで結び，販売情報，需要情報などを部門間又は企業間でリアルタイムに共有することによって，経営業務全体のスピード及び効率を高めながら顧客満足を実現する経営コンセプト」[3]と説明される．

このとき，システムのダイナミックな最適化のためには，まず組織間の垣根を越え，企業活動にかかわる情報が，リアルタイムに収集されている統合的なマネジメント・システムの構築が重要となる．統合化システムの構築については，これまで個別に存在した「購買」，「生産」，「販売」，「会計」などのシステムに対し，「一つのデータベース・アーキテクチャ」を基礎としてそれらを一元的・体系的に整備することが求められる．そのようなシステムとしては，1992年のSAP社によるR/3の発表に始まるERP(Enterprise Resource Planning)が注目される．

ERPとは，「販売・在庫管理・物流の業務，生産管理又は購買管理の業務，管理会計又は財務会計，人事管理などの基幹業務プロセスに必要なそれぞれの機能を，あらかじめ備えたソフトウェア群である統合業務パッケージを利用して，相互に関係づけながら実行を支援する総合情報システム」[3] である．これにより，

① 企業全体の経営資源(ヒト・モノ・カネ・情報)を計画的に活用し，パフォーマンスを最大化すること

② 企業全体を包括的にカバーした情報を蓄積し(大福帳データベース)，全社員がリアルタイムに利用できる「全社統合業務システム」を構築すること

を実現するものである．ERPは，さらにこうしたデータベースをもとにして，データウェアハウスを構築することで，これまでは困難とされた多次元的側面からのデータ分析ができるので，市場動向の構造的な把握などが可能となる．

このSCMをシステムとして捉えたときに，「システムの目的(ゴール)達成を阻害する制約条件を見つけ，それを活用・強化するための経営手法，およびその支援ソフトとしてのSCM製品」のことを制約理論(TOC)という．TOCは，イスラエルのGoldratt博士によって開発された経営手法であるが，その概念は，もともと生産スケジューリングソフトであ

る OPT(Optimized Production Technology)が起源となっている．OPT における「全体成果目標の性能を決めているボトルネックに着眼する」という考え方は，生産スケジューリングに限らず，あらゆる問題の全体最適化に適用できるものとなっている．

SCM の目標は，キャッシュフロー・マネジメントを実現するとともに，最新の情報技術及び制約理論や，ERP システムなどを活用し，市場の変化に対してサプライチェーン全体を俊敏に対応させ，ダイナミックな経営環境のもとで部門間や企業間における業務の全体最適化を図ることである．ここで TOC では，通常の営利企業システムの合目的である「現在から将来まで利潤を上げる」ために，以下の 3 つの条件を満たせばよいとしている．

1)　スループット(製品を販売することで企業に入ってくるお金，つまり売上高から資材費を引いたもの)を増大させること．
2)　総投資(設備や棚卸といった製品を製造・販売するためにシステムに投資したお金)を低減すること．
3)　経費(固定費など，資材費以外の総経費)を低減すること．

TOC ではこれら 3 つの要素をすべて改善しようとするが，1)のスループットが最も重要で，その次が 2)の総投資低減，最後に 3)の固定費低減がくるとされている[4]．スループットは，「企業に流入してくる正味のキャッシュフローとしての売上高から，資材費を引いたもの」と定義される．このため，生産力に余裕がある場合にはスループットがプラスである限り，売価を下げても受注を増加させることが有利に働く．総投資低減のため棚卸(在庫)を削減することが重要であり，JIT 方式における在庫低減とも一致している．TOC の貢献は，スループットの増大を企業の第一のゴールとして制約条件と結びつけたことにあり，システム全体のなかでどこに着目すべきかを示す改善ツールといえる．

ここでスループットが最大にならない場合を考えてみると，1 つは「市場に制約がある場合(需要＜生産能力)」であり，もう一つは「自社内に制約がある場合(需要＞生産能力)」である．受注から，部品調達，製造，販売を経て，入金までの企業活動におけるサプライチェーンは鎖の連鎖にたとえられる(図11.2)．

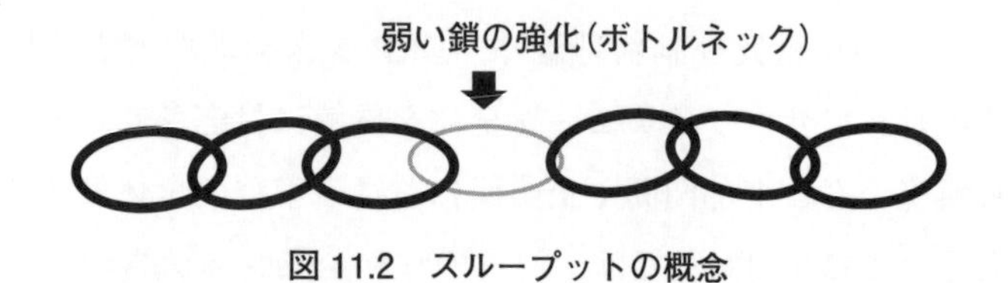

図11.2 スループットの概念

ここで，上記後者の制約がある場合，スループットは最も弱い鎖(制約条件の活動)に影響されるので，スループット増大のためには，その制約条件を探し当て，最も弱い鎖を強化することが重要である．このように，スループット増大においては，個別最適化が必ずしも全体最適化につながらない点に注意すべきである．

(2) SCMの問題点

SCMにおいては，本質的に以下の2つの問題を抱えており，それらを解決する方策が求められている[5]．

① ダブルマージナリゼーション

サプライチェーンを構成する各企業は，相競合する目的をもっており，お互いに独立に意思決定を行った場合に得られる総利益は，独占企業が統合的に行ったときよりも減少することが知られている．これをダブルマージナリゼーションとよぶ．

② ブルウィップ効果

サプライチェーンの形態が垂直型の供給連鎖の場合，時間遅れのある多段階システムとなっている．このサプライチェーンの各段階で個別に在庫の発注を行うと，顧客需要の変動を上回る発注量の変動が発生し，それは上流へ行くにつれて大きくなることが知られている．これは，ブルウィップ効果(Bull whip effect)とよばれており，1960年頃にForrester[6]により発見され，Forrester effectともいわれている．例えば，図11.3に示されるように多段階の生産在庫システムにおいて，上流工程に行くほど，発注量の変動は大きくなることを意味する．

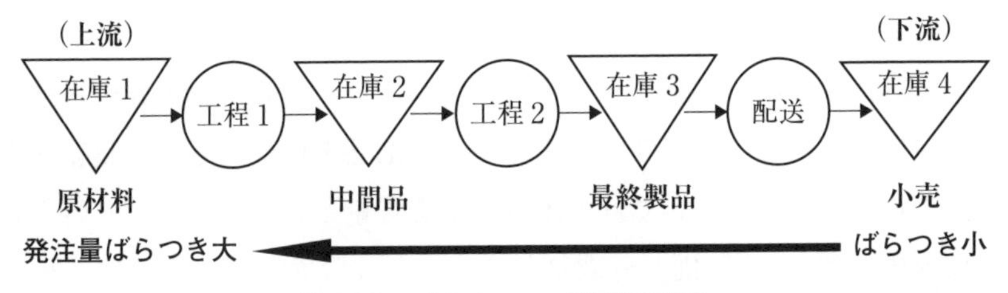

図 11.3　ブルウィップ効果の概念

11.3　サイバーフィジカルシステム(CPS)と管理技術

わが国が進めるSociety 5.0においては，情報通信技術(ICT：Information and Communication Technology)にもとづく「生産性革新」や2015年国連サミットで採択されたSDGs(Sustainable Development Goals)の「持続可能な開発目標」推進に向け，産業界，モノづくり企業をはじめとしてあらゆる分野で，その実現を目指した取組みが求められる．そこでは，ドイツで提唱されたIndustrie 4.0の中核にあるサイバー(Cyber)・フィジカル(Physical)空間の連携が重要であると考えられ，これにより新たな経営システムにおけるイノベーションを生み出せるものと考えられている．

サイバー空間とは，簡単にいうとコンピュータのなかで行われるデータ処理などが行われる場所のことを意味する．センサーやキーボードで入力されたデータやプログラムはI/O(出入力)，メモリー，CPU(中央処理装置)などで構成されたコンピュータの中で処理され，さらにインターネットが加わることにより，つながるコンピュータの空間であるサイバー空間が作り出されることとなる．このグローバルなサイバー空間の代表例がwww(world wide web)であるが，グローバルサイバー空間はwwwに限るものではなく，専用回線を引いたイントラネットワークを用いて国を跨いだグローバルサイバー空間を構築することが可能である．

一方，フィジカル空間はわれわれが生活している実世界であり，基本的にはヒト，モノ，カネにより構成されている．とくに，モノには天然資源と設備，建物，製品など各種製造物があり，人間は自然界から鉱物などの資源を掘り出して鉄などをつくり，部品を作り，そして製品を作る．これらの製造品はいずれも固有技術を背景とした「設計」という固有技術の情報と，「計画」，「調達」，「生産」，「販売」という管理技術の情報にもとづいて作られており，サイバー・フィジカル・システム(Cyber Physical System：CPS)(図11.4)は固有技術と管理技術を結び付けることにより，システムの効率を上げるための道具と考えられる．

このようなサイバー空間とフィジカル空間をつなげることは今まで作業者の手作業により行われてきたが，センシング技術や情報通信技術の発展とともに，多くのデータを自動的に収集できるようになったことで，そのデータが膨大に蓄積されビッグデータとなり，このビッグデータをもとに，新たなイノベーションを創出し産業競争力の向上などが期待されることとなった．

モノづくりにおいては，良い品質(Q)のモノを迅速(D)，安全(S)，かつ安価(C)に製造するため，製品設計，工程設計，製造プロセスなどに必要となる固有技術，そしてQDCの目標のもとでこれらの固有技術をうまく統合・活用するための管理技術が重要になる．特に製造業にとって，サイバー・フィジカル空間の連携が重要になるのは，この連携

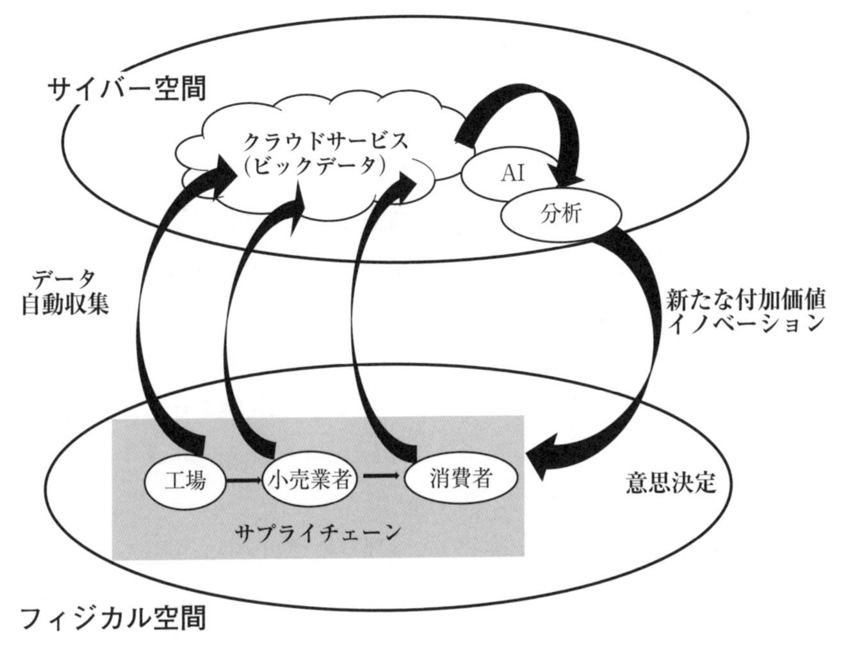

図 11.4　CPS の概念(例)

により設計・製造の競争力が向上するからであり，上述の販売データ分析を含めた管理技術が，このサイバー・フィジカル空間の連携に必要不可欠な技術であるといえる．

例えば，売れるものを売れるときに売れる量だけ作るためには，各種の管理技術手法を用いてフィジカル空間からとれるデータを的確に分析し，生産販売の意思決定を的確かつ迅速に行うことが求められる．これは，いわゆるオペレーションズ・マネジメントの理論の必要性であるといえる．このとき，先進的な設備と工程を用いて顧客が要求する仕様を作り込む固有技術(製品技術と製造技術)も重要ではあるが，「顧客の需要がどこにあり，どのように変化し，その需要を満たすためには，どの設備で，どのような作業手順や作業の組合せ(工程設計)で，何個ずつ

(ロット編成), 誰がつくるか」を決める必要があり, 本書でこれまで説明してきた管理技術(MT)が必要不可欠であるといえる.

11.4　ITとMTの統合活用事例[7]

(1)　松阪クラスター(航空機部品生産協同組合)の取組み

航空機部品製造に携わってきた企業10社が部品製造工程を相互に協業・補完し合い, 航空機部品の加工から塗装までの一貫生産体制を構築するために「松阪クラスター共同工場」を設立し, 高効率な航空機部品製造工程の「ライン化」に取り組んでいる. 2015年4月には, 航空機部品生産協同組合(Aircraft Parts Manufacturing Cooperative：APMC)[1)]が三重県松阪市に設立された(図11.5).

本節においては, 情報技術(IT)と管理技術(MT)の活用にもとづく複数企業におけるバーチャルな共同工場生産ライン構築について紹介し, 問題解決の取組みや, マネジメントシステムに関する事例を解説する.

図11.5　航空機部品生産協同組合

1)　これは, 経済産業省が推奨している産業クラスターという枠組みで捉えた場合には「松阪クラスター」とよばれる. 産業クラスターの詳細は, 経済産業省:「産業クラスター政策について」(https://www.meti.go.jp/policy/local_economy/tiikiinnovation/industrial_cluster.html)を参照してほしい.

(2)　バーチャル工場の誕生

航空機部品の製造においては，複雑高精度の加工技術や厳格な品質管理が求められているため，従来，個別企業において非効率的な生産活動が行われてきた．例えば，部品の工程ごとに受発注が行われる「のこぎり発注」(図 11.6) は典型的な例であり，受発注のムダなどを克服するため，複数の企業が 1 つのバーチャル工場として機能するための組織として，(1) の松阪クラスターが設立され，航空機部品の一貫生産体制が構築された (図 11.7)．

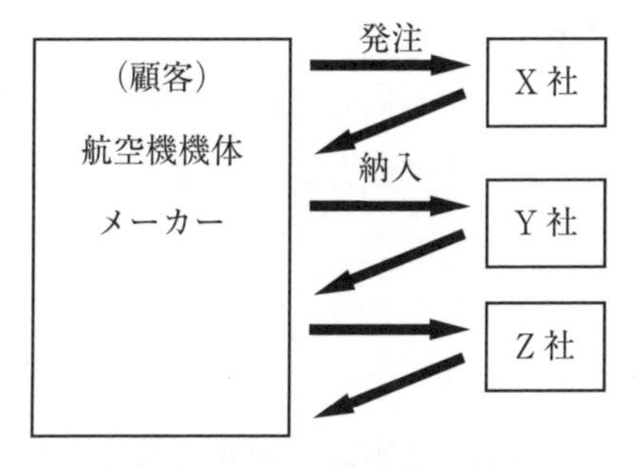

図 11.6　のこぎり発注の概念

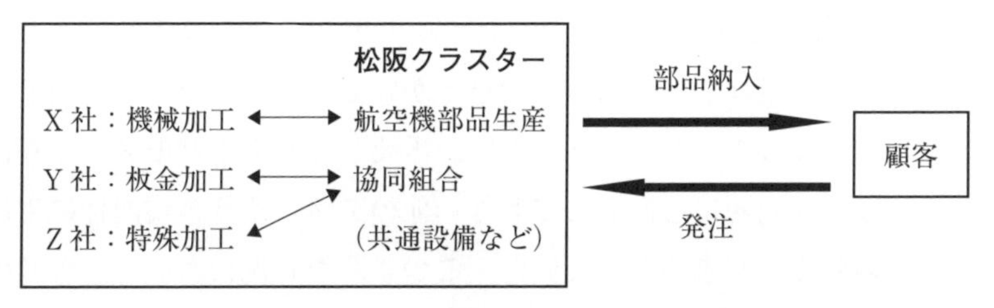

図 11.7　一貫生産体制モデル

本クラスターでは，航空機業界特有の問題を打破するための新たな取組みとして，会社間をまたがるいくつかの生産工程を連続的な一貫工程として管理・運営を行うことを目的に，経済産業省の 2016 (平成 28) 年度 IoT 事業補助金 (スマート工場実証事業) などを活用して，EDI システムなどを駆使した「共通生産・品質管理システム」の構築が行われた.

また，本クラスターの特徴としては，以下の4つの項目が挙げられる.

① 高効率ラインの実現：リードタイム短縮と高品質の両立

② 自動化・IT：トレーサビリティ管理やIT活用によるペーパーレス化

③ クリーンファクトリー：再利用，リサイクル，無排水処理などの環境への配慮

④ 革新的技術の導入：ロボット，自動搬送の活用など

このほか，品質マネジメントシステム(QMS)や物流システムなどの問題も重要な課題として検討が進められており，これらの問題解決を行うため，自動車産業における量産方式における管理技術の活用が実施されてきた.

(3) 量産管理技術の導入

航空機の製造における加工技術は，複雑高精度な加工や厳格な品質管理などが特徴として挙げられる．特に米国連邦航空局(Federal Aviation Administration：FAA)の管理下における生産システムの構築が求められており，表面処理などの固有技術などが前面に出された生産・加工モデルが基礎となっていた．その一方で，需要への対応などモノづくりにおける一般的な問題にも直面しており，他のモノづくり企業同様に生産システムの効率化が求められていた．このような状況において，各社の固有技術を繋ぐ仕組みの強化や，作業の効率化・集約化・コスト削減などを実現するために，松阪クラスターでは，自動車部品生産における量産管理技術の導入が行われた.

モノづくりにおいては，固有技術が製品を生み出すための中核技術として存在しているが，さらにモノの作り方により付加価値を生み出す管理技術(MT)と組み合わせて，車の両輪としての「技術」活用が重要と

なる．いずれも企業における利益を生み出す技術であり，さらにこれらの技術を支えるため，近年進化の目覚ましいITから創出される，時空を超えて生産活動を支援するシステムやツールの活用が注目される．

松阪クラスターにおいては，「固有技術＋管理技術」を中核に据えながら，それらをサポートするためのツールとしての情報システム導入を行い，より付加価値の高い生産システムの実現を目指している．以下では，管理技術として第8章で解説した引っ張り(Pull)型生産におけるIT活用の事例について紹介する．

(4) 引っ張り型生産におけるIT活用

引っ張り型生産システムとして知られるJIT生産システム(第8章)は，必要なものを必要なときに，必要なだけ生産するJITと，100％良品を生産するニンベンのある自働化の2つの概念からなる．JIT生産における最も革新的な考え方が，「後工程引き取り，後補充生産方式」であり，かんばんはこの方式における情報伝達・制御手段である．かんばん方式の出現以来，需要による製品の引き取りや下流工程の加工完了などによる生産システムの状態変化に応じて，上流工程へ生産・発注指示が出される生産管理方式は，引っ張りあるいはプル(pull)型方式とよばれている．一方，MRPシステム(3.2節)のように生産・発注指示があらかじめスケジュールされる従来の生産管理方式は，押し出しあるいはプッシュ(push)型方式とよばれる．

プル型システムの構築のため，松阪クラスターにおいては，モノと情報の一体化により，部品などの受発注の流れを見える化する取組みが行われている．これにより，従来，単工程で行われていた加工作業とそれに関わる付随作業等を情報の糸によって繋ぎ合わせ，クラスターとしてまとめることにより，リードタイムの短縮などを実現させている．

具体的には，クラスター(共同工場)内の工場間における受発注システムにおいて，専用回線やインターネット回線を通じたEDI(11.1節)システムにより受発注を行っている．すでに航空業界には独自のEDIシステムは存在していたが，中小企業間で取引を行うためのシステムは存在せず，新たなEDIシステムを構築し，共同生産・品質管理システムの基礎を整えたことは画期的といえる．したがって，(2)項で述べたのこぎり型による発注・納入に伴うリードタイムの長さを，一貫生産により一気に短縮することとなった．

さらに，業界が直面する問題として部品供給義務や部品製造時のさまざまなデータの保管義務や膨大なデータを要するトレーサビリティ・システムの運用・管理なども挙げられる．また，品質マネジメントシステムにおける規格要求事項なども関連したデータの保管・管理も求められており，これらのシステムを取り扱うための基盤として各種の情報技術の活用が実践されている．そして，各社(各工程)において個別管理されていた在庫についても，供給できるものをまとまりとして扱う「キット化」が進められ，在庫の低減を実現し，より付加価値の高い工程設計が行われている(図11.8)．さらに，それらを実現するためにさまざまな標準化への対応もとられており，管理技術と情報技術の有効活用を実践

図11.8　参画企業における工程

する際に求められる基礎的な取組みへの努力も見逃すことはできない.

(5)　参画企業によるマネジメントシステム

松阪クラスターを構成している参画企業 10 社の代表による定例会が,毎週開催され,さまざまな問題の検討が行われている.この定例会において,各社の抱える問題や協同体として取り組むべきテーマが議論され,トップのマネジメントレビューも実施されクラスターとしての全体最適を目指した各種意思決定が行われている.また,実務レベルのリーダーによる分科会も開催されており,各企業の垣根を超えた新たなチャレンジにも積極的に取り組んでいる.会議における計画実施後には,結果の評価を行い,適切な処置・対策をとるというクラスター組織の PDCA サイクルを回す場として活用されている.

上記の松阪クラスターでは,航空機独自の加工技術(固有技術)に支えられた工程に,自動車産業におけるさまざまな管理技術が導入され,従来の生産方式からの脱却へと積極的な取組みがなされていた.ここでは,表面処理特殊工程などの固有技術を基礎に,自動車部品の量産方式において培われた管理技術に組み込まれた IT の活用によって,より付加価値の高い生産システムの構築がなされているといえる.今後さらなる課題への挑戦が期待される.

【演習問題】

(1)　SCM に関する事例を示しなさい.

(2)　EDI 活用事例を示しなさい.

(3)　CPS の具体例を示しなさい.

付録
確率モデルの基礎

ここではデータ分析の基礎となる確率分布の概念や，確率モデルとして代表的な待ち行列システムと最適確率制御則を与えるマルコフ決定過程について説明する．

A.1　確率変数と確率分布

製品の重さや不適合品数など，確率的に変動した実数値をとる変数を確率変数(Random variable)とよび，この変数は何らかの分布関数(Distribution function)に従うものと考える．今，確率変数をX，その分布関数を$F(x)$とした場合，Xが$F(x)$に従うことを$X \sim F(x)$と表す．確率変数Xが実数値x以下である確率を$P(X \leqq x)$で表すと，$F(x)$は以下のように定義される．

$$F(x) = P(X \leqq x)$$

モノづくりの生産活動では，現状把握のアプローチとして，製品の特性を表すいくつかのデータをランダムにサンプリングする．これらのデータは何らかの確率分布を前提とした母集団から採取されるものであり，例えば，N個のデータを採取した場合，それらを$x_1, x_2, \cdots, x_N$と表す．

実務で扱うデータには，長さや重さなどの連続的な変数(計量値)と個数をカウントする離散的な変数(計数値)の2種類がある．それぞれに連続型確率分布と離散型確率分布があり，例えば以下の図A.1，図A.2に示すような関数の特徴がある．

今，図A.2のようにXが離散値$x_n = 0, 1, 2\cdots$をとる場合には，確率

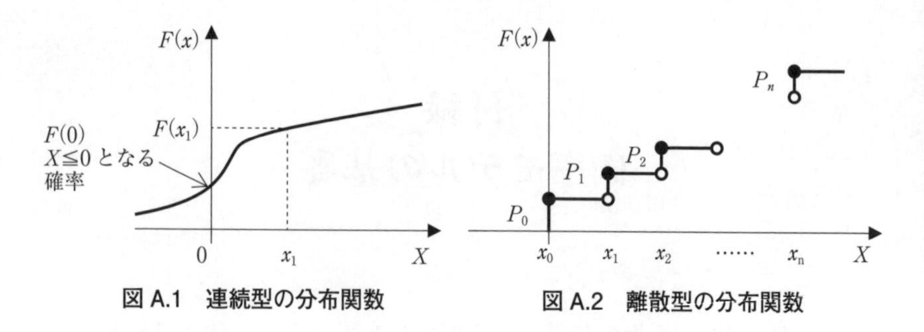

図 A.1　連続型の分布関数　　**図 A.2　離散型の分布関数**

$P_n = P(X = x_n)$, $n = 0, 1, 2, \cdots, N$ が与えられればよく，このとき，$F(x) = \sum_{X \leq x} P_n$ となる．この分布の期待値(Expected value)$E(X)$ あるいは平均(Mean)m は，

$$E(X) = m = \sum_{n=0}^{N} nP_n \tag{A.1}$$

で与えられる．さらに平均 m の周りのちらばりを与える分散(Variance) $Var(X)$ は，以下で与えられる．

$$Var(X) = E(X - m)^2 = \sum_{n=0}^{N} (n - m)^2 P_n = E(X^2) - m^2 \tag{A.2}$$

$Var(X)$ は σ^2 と表されることも多く，$\sigma = \sqrt{Var(X)}$ は標準偏差，σ/m は変動係数とよばれる．一方，X が連続的な値をとるときはその分布は連続型分布とよばれ，その分布関数 $F(x)$（図 A.1）が微分可能ならば，確率密度関数 $f(x)$（Probability density function：p.d.f）が存在する [1]．

---

1)　このとき，以下の関係が成り立つ．

$$f(x) = \frac{d}{dx} F(x),\quad F(x) = \int_{-\infty}^{x} f(t)\,dt \tag{A.3}$$

である．この連続分布の平均値および分散は，以下で与えられる．

$$E(X) = m = \int_{-\infty}^{\infty} x\,dF(x) = \int_{-\infty}^{\infty} xf(x)\,dx$$

$$\mathrm{Var}(X) = \sigma^2 = \int_{-\infty}^{\infty} (x - m)^2 f(x)\,dx \tag{A.4}$$

連続型の確率分布である正規分布は第7章で解説したので，本節では離散型の分布である二項分布およびポアソン分布について解説する．

(1)　二項分布(Binomial distribution)

二項分布が $B(n, p)$ と表されるとき，ベルヌーイ試行(Bernoulli trials)を行い，成功の確率 $p(0 \leq p \leq 1)$ の試行を n 回独立に行った場合に，x 回成功する確率を $P(x)$ とすると，以下の式で与えられる．

$$P(x) = \binom{n}{x} \times p^x \times q^{n-x},\quad \binom{n}{x}\text{は二項係数} \tag{A.5}$$

ここで，$q(q=1-p)$ は失敗率，$n-x$ は失敗回数になり，平均は np，分散が npq で与えられることが知られている．また，二項係数とは n 個の異なるものから x 個選ぶときの組合せの数を表す．二項係数 $\binom{n}{x}$ は ${}_nC_x$ で表せるので，$\dfrac{n!}{x!(n-x)!}$ として求められる．ここで $n!$ を n の階乗といい，$n=5$ なら $5!=5\cdot4\cdot3\cdot2\cdot1=120$ と計算する．

表6.5における np 管理図，p 管理図の基礎となる分布である．

> **【例題 A1】**
> ある製品が不適合となる確率 p が0.2である工程を考えよう．
> このとき，3つの製品をサンプルとしてとった場合に1つが不適合となる場合の確率を求めなさい．

【例題 A1】については，以下のように考えるとよい．

$p=0.2$ なので，適合品となる確率 q は $1-p=0.8$ となる．

今，不適合品を●，適合品を○で表したときに，3個サンプルをとって1つが不適合となる場合は3通りとなり，そのときの確率は表A.1のとおりである．

表 A.1　サンプルをとったときに 1 つが不適合となる場合

1 つ不適合となる場合	1 つ不適合の場合の確率
●○○	$p\times q\times q=0.2\times 0.8\times 0.8=0.128$
○●○	$q\times p\times q=0.8\times 0.2\times 0.8=0.128$
○○●	$q\times q\times p=0.8\times 0.8\times 0.2=0.128$

したがって，1 つが不適合となる確率は，上記の 3 パターンの確率の和をとることにより，0.384 となる．なお，上記(A.5)式を用いた場合も，以下のとおりとなる．

$$P(1)={}_3\mathrm{C}_1\times 0.2^1\times 0.8^{(3-1)}=\frac{3!}{1!\,2!}\times 0.2\times 0.64=0.384$$

(2)　ポアソン分布(Poisson distribution)

確率過程であるポアソン過程における，客の到着の分布として用いられたり，表 6.5 の管理図における c 管理図，u 管理図の基礎となる離散型分布である．

今，確率変数 X がポアソン分布に従う場合，$X=n$(確率変数が n の値)になる確率 $P(X=n)$ は，パラメータ $\lambda\geqq 0$ に対して，以下の式で与えられる．

$$P_n=P(X=n)=\frac{\lambda^n}{n!}\mathrm{e}^{-\lambda}\quad (n=0,\ 1,\ 2,\ \cdots)$$

$$\sum_{n=0}^{\infty}P_n=\mathrm{e}^{-\lambda}\sum_{n=0}^{\infty}\frac{\lambda^n}{n!}=\mathrm{e}^{-\lambda}\mathrm{e}^{\lambda}=1\qquad [\text{参考}]\ \mathrm{e}^x=\sum_{n=0}^{\infty}\frac{x^n}{n!}$$

$$m=\sum_{n=0}^{\infty}nP_n=\sum_{n=1}^{\infty}n\frac{\lambda\lambda^{n-1}}{n(n-1)!}\mathrm{e}^{-\lambda}=\lambda\sum_{n=0}^{\infty}\frac{\lambda^n}{n!}\mathrm{e}^{-\lambda}=\lambda$$

$$E(X^2)=\sum_{n=1}^{\infty}n^2\frac{\lambda\lambda^{n-1}}{n(n-1)!}\mathrm{e}^{-\lambda}=\sum_{n=0}^{\infty}(n+1)\frac{\lambda\lambda^n}{n!}\mathrm{e}^{-\lambda}$$

$$= \sum_{n=1}^{\infty} \frac{\lambda^2 \lambda^{n-1}}{(n-1)!} e^{-\lambda} + \sum_{n=0}^{\infty} \lambda \frac{\lambda^n}{n!} e^{-\lambda} = \lambda^2 + \lambda$$

$$\sigma^2 = E(X^2) - m^2 = \lambda$$

$$m = \sigma^2 = \lambda$$

したがって，ボアソン分布は平均と分散が等しいという特徴をもつ．

また，ポアソン分布は次節の待ち行列モデルにおける客の到着分布などによく用いられ，例えば客の到着がパラメータ(到着率)λのポアソン分布に従う場合，客の到着時間間隔は，指数分布 $F(t) = 1 - e^{-\lambda t}$ に従うことが知られている．

A.2　待ち行列システム

(1)　待ち行列モデルの基礎概念

待ち行列理論は，生産・物流システムをはじめ，さまざまなサービスシステムにおいて生じる輻輳(ふくそう)現象の確率的性質を研究する理論である．これは，1909 年アーラン(A. K. Erlang)による電話交換の研究に始まる．

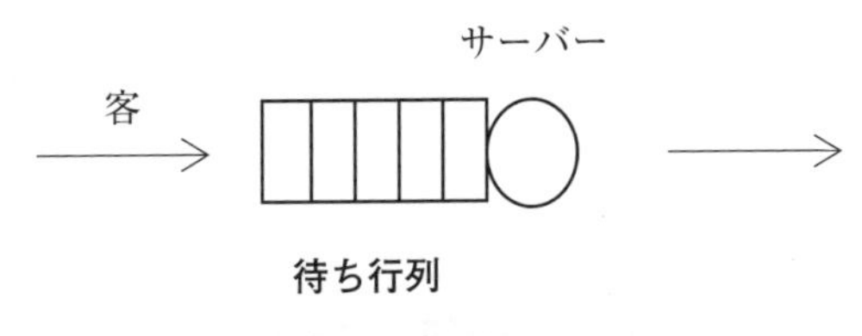

図 A.3　待ち行列システム

あるシステムに客が到着し，サービスを受けて退去する待ち行列システム(図 A.3)を考えるとき，ケンドール(D.G. Kendall)の記号を用いて以下のような表記を行う．

i ／ ii ／ iii (iv)　　(∞)は省略

ここで，i ～ iv は以下のとおりとなる．

i)　客の到着の仕方　　到着時間間隔の分布
ii)　サービス時間　　　サービス時間の分布
iii)　サーバー数
iv)　システム内の最大許容客数　　(∞)は省略

例えば，客の到着時間間隔の分布が指数分布に従う場合はM，一般分布の場合はGといった記号を用いて表す．

今，到着時間間隔分布がパラメータλの指数分布に従い，サービス時間もパラメータμの指数分布に従って，①サーバーが1で最大許容客数∞の場合と，②サーバー数がSで最大許容客数がNの待ち行列システムの場合は，図A.4のように示される．

また，サービス規律(Service discipline)として，図A.5，図A.6のようなものが知られている．

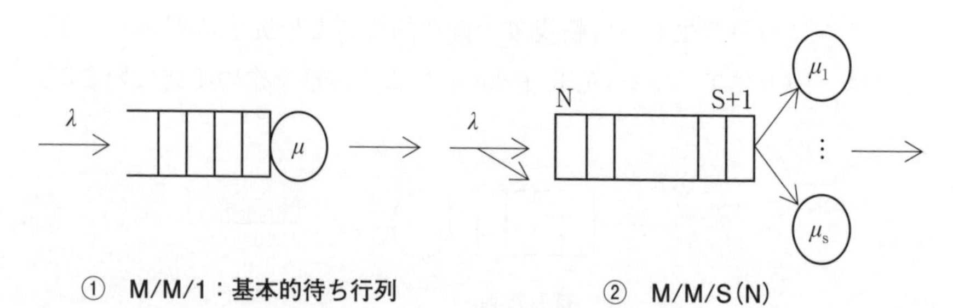

図A.4　待ち行列システム(例)

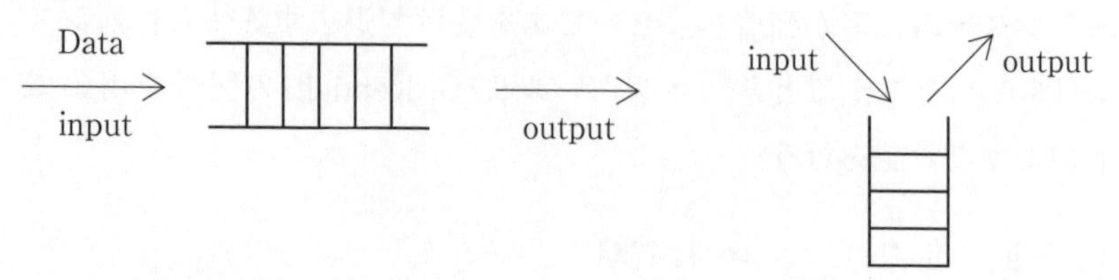

図A.5　先客順(First-In First-Out)FIFO またはFCFS(First-Come First-Service)

図A.6　後着順(Last-In First-Out)LIFO またはLCFS(Last-Come First-Service)

(2)　M/M/1：待ち行列システム

M/M/1 待ち行列システムの特性は以下のとおりである．

① 到着時間間隔の分布：$F(t)=1-e^{-\lambda t}$　　$t \geqq 0$

② サービス時間の分布：$H(t)=1-e^{-\mu t}$　　$t \geqq 0$

③ サーバー 1 人の待ち行列システム

$Q(t)$：時間 t における系内客数とすると，指数分布の無記憶性から，以下のとおりとする[2)]．

$$P(Q(t)=j \mid Q(r)\,(r<s),\ Q(s)=i)$$
$$=P(Q(t)=j \mid Q(s)=i) \qquad \text{(マルコフ性)}$$

したがって，$Q(t)$ はマルコフ過程である．定常性から．

$$P_{ij}(t)=P(Q(t)=j \mid Q(0)=i)=P(Q(s+t)=j \mid Q(s)=i)$$

となる．M/M/1 システムにおいて客の到着と退去の挙動例は図 A.7 のようになる．

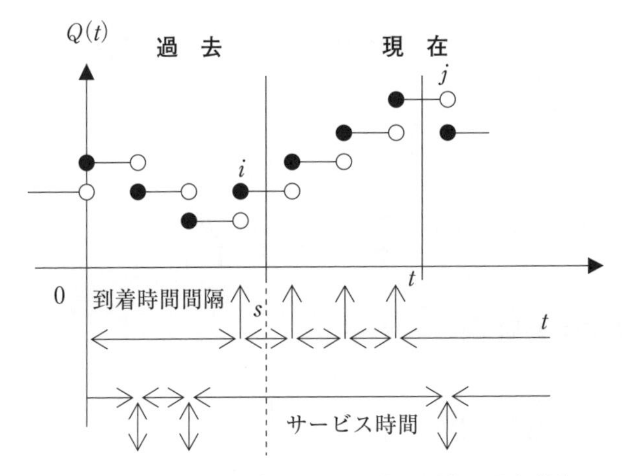

図 A.7　M/M/1 モデルにおける客の到着・退去（例）

---

2)　ある事象 A が起こった条件のもと，事象 B が起こる確率は $P(B \mid A)=\dfrac{P(A \cap B)}{P(A)}$ で計算される．

i を固定すると，以下のようになる．

$$P_j(t)=P(Q(t)=j)$$

$$\rho=\frac{\lambda}{\mu}=\text{到着率}\times\text{平均サービス時間}$$

ρ を利用率(Utilization factor)，トラフィック強度(Traffic intensity)とよぶ．このとき以下の定理が成り立つ．

【定理】

- $\rho \geqq 1$ のとき，$\lim_{t\to\infty} P_j(t)=0 \quad (j=0, 1, 2, \cdots)$

- $\rho < 1$ のとき，$\lim_{t\to\infty} P_j(t)=P_j \quad (j=0, 1, 2, \cdots)$

$$P_j=(1-\rho)\rho^j$$

さらに，$\rho<1$ の場合には，以下の結果が知られている．

- 利用率：P｛サーバーが稼動している確率｝$=\sum_{j=1}^{\infty} P_j$

- 平均系内客数：$L=\sum_{j=0}^{\infty} jP_j=\frac{\rho}{1-\rho}$

- 平均待ち行列長：$L_q=\sum_{j=1}^{\infty}(j-1)P_j=\frac{\rho^2}{1-\rho}$

- 平均待ち時間：$W_q=\frac{\rho}{\mu-\lambda}$

- 平均滞在時間：$W=W_q+\frac{1}{\mu}=\frac{1}{\mu-\lambda}$

- リトル(Little)の公式 $\begin{cases} L=\lambda W \\ L_q=\lambda W_q \end{cases}$

【例題 B1】

M/M/1 型生産システムにおいて，部品の到着時間間隔がパラメータ $\lambda=9$ の指数分布に従い，加工のサービス時間が $\mu=10$ の指数分布に従うとき，平均仕掛在庫量 L と平均在庫量 L_q を求めなさい．

【例題 B1】では，$\rho=9/10=0.9<1$ となるので，以下のようになる．

$$L=\frac{\rho}{1-\rho}=9$$

$$L_q=\frac{\rho^2}{1-\rho}=8.1$$

A.3　マルコフ決定過程

マルコフ決定過程は，待ち行列の制御や生産システム・在庫管理システムの最適化をはじめとする広い範囲の分野で応用されている．これらのモデルは，費用関数および推移関数がシステムの現在の状態のみに依存するようなクラスの確率的逐次決定過程を示している．ここで，逐次決定過程とは，ある意思決定者の制御下にある動的システムを 1 つのモデルにしたものである．このとき，決定がなされ得る各期間において，意思決定者はシステムの状態(例えば在庫管理問題では各期首の在庫量)を観測する．そして，この観測による情報にもとづいて，意思決定者はとり得る選択肢(決定)の集合(決定空間)のなかから，ある行動を選び出す．この結果として，すべての状態において選ばれた決定を政策とよぶ．この政策のもとで，意思決定者は利得を受け取り(あるいは費用を支払い)，引き続くシステムの状態推移の確率が規定される．

有限状態空間をもつ離散時間におけるマルコフ過程は，各状態に依存する規定された集合から推移確率を選ぶことによって制御される．各々の選択に対する直接期待費用が与えられたとき，無限期間を通じて単位時間当たりの平均費用を最小にすることが要求される．このような有限状態空間と各状態に依存する決定をもつ割引を伴わないマルコフ決定過程は，時間平均費用を最小にする最適定常政策をもつ．

ここで，状態空間をS，総状態数をNで表すものとし，$S=\{1, 2, \cdots, N\}$をもつ無限期間における平均費用問題を考える．状態$i \in S$で決定kが有限集合$K(i)$のなかから選ばれるとき，すべての$K(i)\ (i \in S)$の直積を政策空間とよび，Θで表す．また，状態iで決定kを選んだとき，次の状態jへの推移確率$p_{ij}(k)$と，次の推移によって得られる直接期待費用$r_i(k)$が決定される．このとき，

$$0 \leqq p_{ij}(k) \leqq 1, \ \sum_{j \in S} p_{ij}(k) = 1$$

であり，「どの時刻にどの状態なら，どの決定を選ぶか」を定めた規則を政策とよび，

$$\xi = (f^0, f^1, \cdots \quad)$$

と表すことにする．ただし，f^nは時刻nにおいて状態に決定を対応させる関数$f_n = (f_1^n, f_2^n, f_N^n) \in \Theta$を表す．すなわち，時刻$n$で状態$i$であったら決定$f_i^n$を用いる．状態$i$では，必ず決定$f_i \in K(i)$を選ぶ政策を定常政策とよび，$f=(f, f, \cdots)$で表す．この定常政策のなかに最適な政策$f^*=(f^*, f^*, \cdots, \quad)^*$が存在することがよく知られている．$f \in \Theta$に対して$r(f)$を$i$番目の要素が$r_i(f_i)$である$N$次元ベクトル，$P(f)$を$(i, j)$番目の要素が$p_{ij}(f_i)$である$N \times N$行列とする．この割引のないマルコフ決定過程は平均費用を最小にする最適政策f^*を決定する問題が付随した4つ組(S, Θ, P, r)によって定義される．システムの状態がすべて到達可能な単一連鎖の場合，無限計画期間にわたって得られる最適政策f^*の最小平均費用gは次の最適性方程式を満足する．

$$g + v_i = \min_{f_i \in K(i)} \left\{ r_i(f_i) + \sum_{j \in S} p_{ij}(f_i)\, v_i \right\} \quad (i \in S)$$

ここで，v_i は初期状態 i から出発するときの相対費用を表している．この時間平均マルコフ決定過程を解く手法としては，逐次近似法，線形計画法，政策反復法，修正政策反復法などが知られている．以下では，標準的な手法とされる政策反復法を紹介する．

【政策反復法】

- STEP 1：適当な初期政策 $f_0=(f_1^0, f_2^0, \cdots, f_N^0)\in\Theta$ を定め，$n=0$ と置く．
- STEP 2：(値決定ルーチン) 再帰鎖内の1つの v_i を0と置き，与えられた政策に対する $P(f^n)$ と $r(f^n)$ を用いて次の連立方程式を解き，$g(f^n)$，$v_i(f^n)$ $(i=1, 2,\cdots, N)$ を定める．

$$g+v_i=r_i(f_i^n)+\sum_{j\in S} p_{ij}(f_i^n)v_j \quad (i\in S)$$

- STEP 3：(政策改良ルーチン) 各状態 $i\in S$ に対して

$$V_i(f^n)=\min_{k\in K(i)}\left\{r_i(k)+\sum_{j\in S} p_{ij}(k_i)v_j(f^n)\right\} \quad (i\in S)$$

  を計算し，$V_i(f^n)<v_i(f^n)$ となれば最小値を与える決定 k を f_i^{n+1} とし，さもなければ $f_i^{n+1}=f_i^n$ と置く．すべての i で $f_i^{n+1}=f_i^n$ となれば f^n は最適定常政策 f^* であり $g(f^n)$ が最小費用 g^* である．さもなければ $n=n+1$ としてSTEP 2に戻る．

また，政策反復法の値決定ルーチンを m 回の反復近似で置き換えたものが修正政策反復法とよばれている．

A.4　数値表

最後に本書の統計的手法などで活用するための数値表を付表1～付表4として掲載したので参考にしてほしい．

付表 1　標準正規分布表

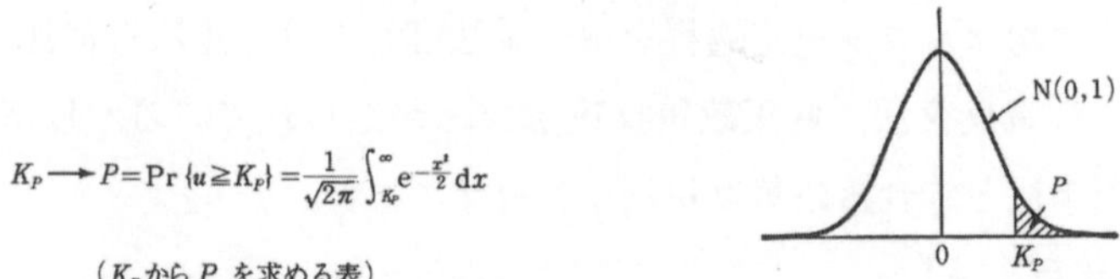

$$K_P \longrightarrow P=\Pr\{u \geqq K_P\}=\frac{1}{\sqrt{2\pi}}\int_{K_P}^{\infty} e^{-\frac{x^2}{2}}dx$$

（K_P から P を求める表）

K_P	*=0	1	2	3	4	5	6	7	8	9
0·0*	**·5000**	·4960	·4920	·4880	·4840	**·4801**	·4761	·4721	·4681	·4641
0·1*	**·4602**	·4562	·4522	·4483	·4443	**·4404**	·4364	·4325	·4286	·4247
0·2*	**·4207**	·4168	·4129	·4090	·4052	**·4013**	·3974	·3936	·3897	·3859
0·3*	**·3821**	·3783	·3745	·3707	·3669	**·3632**	·3594	·3557	·3520	·3483
0·4*	**·3446**	·3409	·3372	·3336	·3300	**·3264**	·3228	·3192	·3156	·3121
0·5*	**·3085**	·3050	·3015	·2981	·2946	**·2912**	·2877	·2843	·2810	·2776
0·6*	**·2743**	·2709	·2676	·2643	·2611	**·2578**	·2546	·2514	·2483	·2451
0·7*	**·2420**	·2389	·2358	·2327	·2296	**·2266**	·2236	·2206	·2177	·2148
0·8*	**·2119**	·2090	·2061	·2033	·2005	**·1977**	·1949	·1922	·1894	·1867
0·9*	**·1841**	·1814	·1788	·1762	·1736	**·1711**	·1685	·1660	·1635	·1611
1·0*	**·1587**	·1562	·1539	·1515	·1492	**·1469**	·1446	·1423	·1401	·1379
1·1*	**·1357**	·1335	·1314	·1292	·1271	**·1251**	·1230	·1210	·1190	·1170
1·2*	**·1151**	·1131	·1112	·1093	·1075	**·1056**	·1038	·1020	·1003	·0985
1·3*	**·0968**	·0951	·0934	·0918	·0901	**·0885**	·0869	·0853	·0838	·0823
1·4*	**·0808**	·0793	·0778	·0764	·0749	**·0735**	·0721	·0708	·0694	·0681
1·5*	**·0668**	·0655	·0643	·0630	·0618	**·0606**	·0594	·0582	·0571	·0559
1·6*	**·0548**	·0537	·0526	·0516	·0505	**·0495**	·0485	·0475	·0465	·0455
1·7*	**·0446**	·0436	·0427	·0418	·0409	**·0401**	·0392	·0384	·0375	·0367
1·8*	**·0359**	·0351	·0344	·0336	·0329	**·0322**	·0314	·0307	·0301	·0294
1·9*	**·0287**	·0281	·0274	·0268	·0262	**·0256**	·0250	·0244	·0239	·0233
2·0*	**·0228**	·0222	·0217	·0212	·0207	**·0202**	·0197	·0192	·0188	·0183
2·1*	**·0179**	·0174	·0170	·0166	·0162	**·0158**	·0154	·0150	·0146	·0143
2·2*	**·0139**	·0136	·0132	·0129	·0125	**·0122**	·0119	·0116	·0113	·0110
2·3*	**·0107**	·0104	·0102	·0099	·0096	**·0094**	·0091	·0089	·0087	·0084
2·4*	**·0082**	·0080	·0078	·0075	·0073	**·0071**	·0069	·0068	·0066	·0064
2·5*	**·0062**	·0060	·0059	·0057	·0055	**·0054**	·0052	·0051	·0049	·0048
2·6*	**·0047**	·0045	·0044	·0043	·0041	**·0040**	·0039	·0038	·0037	·0036
2·7*	**·0035**	·0034	·0033	·0032	·0031	**·0030**	·0029	·0028	·0027	·0026
2·8*	**·0026**	·0025	·0024	·0023	·0023	**·0022**	·0021	·0021	·0020	·0019
2·9*	**·0019**	·0018	·0018	·0017	·0016	**·0016**	·0015	·0015	·0014	·0014
3·0*	**·0013**	·0013	·0013	·0012	·0012	**·0011**	·0011	·0011	·0010	·0010
3·5	**·2326E-3**									
4·0	**·3167E-4**									
4·5	**·3398E-5**									
5·0	**·2867E-6**									
5·5	**·1899E-7**									
6·0	**·9866E-9**									

例　K_P =1·96 に対する P は，左の見出しの 1·9* から右へ行き，上の見出しの 6 から下がってきたところの値を読み，·0250 となる．

注　正規分布 N(0,1) の累積分布関数 $\Phi(u)=\int_{-\infty}^{u}\frac{1}{\sqrt{2\pi}}e^{-x^2/2}dx$ の求めかた：

$u<0$ ならば，$|u|=K_P$ として P を読み，$\Phi(u)=P$ とする．

例：$\Phi(-1·96)=·0250$

$u>0$ ならば，$u=K_P$ として P を読み，$\Phi(u)=1-P$ とする．

例：$\Phi(1·96)=·9750$

出典）　森口繁一，日科技連数値表委員会編(2009)：『新編　日科技連数値表　第 2 版』，日科技連出版社．

付表２　*t* 分布表

$t(\phi,\ P)$

（自由度 ϕ と両側確率 P とから t を求める表）

$$P=2\int_t^{\infty}\frac{\Gamma\left(\frac{\phi+1}{2}\right)\mathrm{d}v}{\sqrt{\phi\pi}\,\Gamma\left(\frac{\phi}{2}\right)\left(1+\frac{v^2}{\phi}\right)^{\frac{\phi+1}{2}}}$$

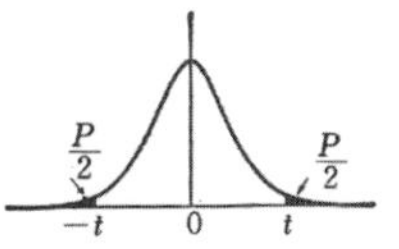

ϕ ＼ P	0·50	0·40	0·30	0·20	0·10	**0·05**	0·02	**0·01**	0·001	P ／ ϕ
1	1·000	1·376	1·963	3·078	6·314	**12·706**	31·821	**63·657**	636·619	1
2	0·816	1·061	1·386	1·886	2·920	**4·303**	6·965	**9·925**	31·599	2
3	0·765	0·978	1·250	1·638	2·353	**3·182**	4·541	**5·841**	12·924	3
4	0·741	0·941	1·190	1·533	2·132	**2·776**	3·747	**4·604**	8·610	4
5	0·727	0·920	1·156	1·476	2·015	**2·571**	3·365	**4·032**	6·869	5
6	0·718	0·906	1·134	1·440	1·943	**2·447**	3·143	**3·707**	5·959	6
7	0·711	0·896	1·119	1·415	1·895	**2·365**	2·998	**3·499**	5·408	7
8	0·706	0·889	1·108	1·397	1·860	**2·306**	2·896	**3·355**	5·041	8
9	0·703	0·883	1·100	1·383	1·833	**2·262**	2·821	**3·250**	4·781	9
10	0·700	0·879	1·093	1·372	1·812	**2·228**	2·764	**3·169**	4·587	10
11	0·697	0·876	1·088	1·363	1·796	**2·201**	2·718	**3·106**	4·437	11
12	0·695	0·873	1·083	1·356	1·782	**2·179**	2·681	**3·055**	4·318	12
13	0·694	0·870	1·079	1·350	1·771	**2·160**	2·650	**3·012**	4·221	13
14	0·692	0·868	1·076	1·345	1·761	**2·145**	2·624	**2·977**	4·140	14
15	0·691	0·866	1·074	1·341	1·753	**2·131**	2·602	**2·947**	4·073	15
16	0·690	0·865	1·071	1·337	1·746	**2·120**	2·583	**2·921**	4·015	16
17	0·689	0·863	1·069	1·333	1·740	**2·110**	2·567	**2·898**	3·965	17
18	0·688	0·862	1·067	1·330	1·734	**2·101**	2·552	**2·878**	3·922	18
19	0·688	0·861	1·066	1·328	1·729	**2·093**	2·539	**2·861**	3·883	19
20	0·687	0·860	1·064	1·325	1·725	**2·086**	2·528	**2·845**	3·850	20
21	0·686	0·859	1·063	1·323	1·721	**2·080**	2·518	**2·831**	3·819	21
22	0·686	0·858	1·061	1·321	1·717	**2·074**	2·508	**2·819**	3·792	22
23	0·685	0·858	1·060	1·319	1·714	**2·069**	2·500	**2·807**	3·768	23
24	0·685	0·857	1·059	1·318	1·711	**2·064**	2·492	**2·797**	3·745	24
25	0·684	0·856	1·058	1·316	1·708	**2·060**	2·485	**2·787**	3·725	25
26	0·684	0·856	1·058	1·315	1·706	**2·056**	2·479	**2·779**	3·707	26
27	0·684	0·855	1·057	1·314	1·703	**2·052**	2·473	**2·771**	3·690	27
28	0·683	0·855	1·056	1·313	1·701	**2·048**	2·467	**2·763**	3·674	28
29	0·683	0·854	1·055	1·311	1·699	**2·045**	2·462	**2·756**	3·659	29
30	0·683	0·854	1·055	1·310	1·697	**2·042**	2·457	**2·750**	3·646	30
40	0·681	0·851	1·050	1·303	1·684	**2·021**	2·423	**2·704**	3·551	40
60	0·679	0·848	1·046	1·296	1·671	**2·000**	2·390	**2·660**	3·460	60
120	0·677	0·845	1·041	1·289	1·658	**1·980**	2·358	**2·617**	3·373	120
∞	0·674	0·842	1·036	1·282	1·645	**1·960**	2·326	**2·576**	3·291	∞

例　$\phi=10$, $P=0{\cdot}05$ に対する t の値は，2·228 である．これは自由度 10 の t 分布に従う確率変数が 2·228 以上の絶対値をもって出現する確率が 5 %であることを示す．

注 1．$\phi>30$に対しては $120/\phi$を用いる 1 次補間が便利である．（→ p.18）

注 2．表から読んだ値を，$t(\phi,\ P)$，$t_P(\phi)$，$t_\phi(P)$ などと記すことがある．

注 3．出版物によっては，$t(\phi,\ P)$の値を上側確率$P/2$ や，その下側確率$1-P/2$ で表現しているものもある．

出典）　森口繁一，日科技連数値表委員会編(2009)：『新編　日科技連数値表　第 2 版』，日科技連出版社．

付表 3　χ^2 分布表

$\chi^2(\phi,\ P)$

（自由度ϕ と上側確率P とからχ^2 を求める表）

$$P=\int_{\chi^2}^{\infty}\frac{1}{\Gamma\left(\frac{\phi}{2}\right)}\mathrm{e}^{-\frac{X}{2}}\left(\frac{X}{2}\right)^{\frac{\phi}{2}-1}\frac{\mathrm{d}X}{2}$$

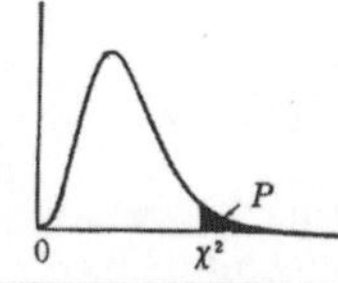

ϕ \ P	·995	·99	·975	·95	·90	·75	·50	·25	·10	**·05**	·025	**·01**	·005	P / ϕ
1	0·0^{4}393	0·0^{3}157	0·0^{3}982	0·0^{2}393	0·0158	0·102	0·455	1·323	2·71	**3·84**	5·02	**6·63**	7·88	1
2	0·0100	0·0201	0·0506	0·103	0·211	0·575	1·386	2·77	4·61	**5·99**	7·38	**9·21**	10·60	2
3	0·0717	0·115	0·216	0·352	0·584	1·213	2·37	4·11	6·25	**7·81**	9·35	**11·34**	12·84	3
4	0·207	0·297	0·484	0·711	1·064	1·923	3·36	5·39	7·78	**9·49**	11·14	**13·28**	14·86	4
5	0·412	0·554	0·831	1·145	1·610	2·67	4·35	6·63	9·24	**11·07**	12·83	**15·09**	16·75	5
6	0·676	0·872	1·237	1·635	2·20	3·45	5·35	7·84	10·64	**12·59**	14·45	**16·81**	18·55	6
7	0·989	1·239	1·690	2·17	2·83	4·25	6·35	9·04	12·02	**14·07**	16·01	**18·48**	20·3	7
8	1·344	1·646	2·18	2·73	3·49	5·07	7·34	10·22	13·36	**15·51**	17·53	**20·1**	22·0	8
9	1·735	2·09	2·70	3·33	4·17	5·90	8·34	11·39	14·68	**16·92**	19·02	**21·7**	23·6	9
10	2·16	2·56	3·25	3·94	4·87	6·74	9·34	12·55	15·99	**18·31**	20·5	**23·2**	25·2	10
11	2·60	3·05	3·82	4·57	5·58	7·58	10·34	13·70	17·28	**19·68**	21·9	**24·7**	26·8	11
12	3·07	3·57	4·40	5·23	6·30	8·44	11·34	14·85	18·55	**21·0**	23·3	**26·2**	28·3	12
13	3·57	4·11	5·01	5·89	7·04	9·30	12·34	15·98	19·81	**22·4**	24·7	**27·7**	29·8	13
14	4·07	4·66	5·63	6·57	7·79	10·17	13·34	17·12	21·1	**23·7**	26·1	**29·1**	31·3	14
15	4·60	5·23	6·26	7·26	8·55	11·04	14·34	18·25	22·3	**25·0**	27·5	**30·6**	32·8	15
16	5·14	5·81	6·91	7·96	9·31	11·91	15·34	19·37	23·5	**26·3**	28·8	**32·0**	34·3	16
17	5·70	6·41	7·56	8·67	10·09	12·79	16·34	20·5	24·8	**27·6**	30·2	**33·4**	35·7	17
18	6·26	7·01	8·23	9·39	10·86	13·68	17·34	21·6	26·0	**28·9**	31·5	**34·8**	37·2	18
19	6·84	7·63	8·91	10·12	11·65	14·56	18·34	22·7	27·2	**30·1**	32·9	**36·2**	38·6	19
20	7·43	8·26	9·59	10·85	12·44	15·45	19·34	23·8	28·4	**31·4**	34·2	**37·6**	40·0	20
21	8·03	8·90	10·28	11·59	13·24	16·34	20·3	24·9	29·6	**32·7**	35·5	**38·9**	41·4	21
22	8·64	9·54	10·98	12·34	14·04	17·24	21·3	26·0	30·8	**33·9**	36·8	**40·3**	42·8	22
23	9·26	10·20	11·69	13·09	14·85	18·14	22·3	27·1	32·0	**35·2**	38·1	**41·6**	44·2	23
24	9·89	10·86	12·40	13·85	15·66	19·04	23·3	28·2	33·2	**36·4**	39·4	**43·0**	45·6	24
25	10·52	11·52	13·12	14·61	16·47	19·94	24·3	29·3	34·4	**37·7**	40·6	**44·3**	46·9	25
26	11·16	12·20	13·84	15·38	17·29	20·8	25·3	30·4	35·6	**38·9**	41·9	**45·6**	48·3	26
27	11·81	12·88	14·57	16·15	18·11	21·7	26·3	31·5	36·7	**40·1**	43·2	**47·0**	49·6	27
28	12·46	13·56	15·31	16·93	18·94	22·7	27·3	32·6	37·9	**41·3**	44·5	**48·3**	51·0	28
29	13·12	14·26	16·05	17·71	19·77	23·6	28·3	33·7	39·1	**42·6**	45·7	**49·6**	52·3	29
30	13·79	14·95	16·79	18·49	20·6	24·5	29·3	34·8	40·3	**43·8**	47·0	**50·9**	53·7	30
40	20·7	22·2	24·4	26·5	29·1	33·7	39·3	45·6	51·8	**55·8**	59·3	**63·7**	66·8	40
50	28·0	29·7	32·4	34·8	37·7	42·9	49·3	56·3	63·2	**67·5**	71·4	**76·2**	79·5	50
60	35·5	37·5	40·5	43·2	46·5	52·3	59·3	67·0	74·4	**79·1**	83·3	**88·4**	92·0	60
70	43·3	45·4	48·8	51·7	55·3	61·7	69·3	77·6	85·5	**90·5**	95·0	**100·4**	104·2	70
80	51·2	53·5	57·2	60·4	64·3	71·1	79·3	88·1	96·6	**101·9**	106·6	**112·3**	116·3	80
90	59·2	61·8	65·6	69·1	73·3	80·6	89·3	98·6	107·6	**113·1**	118·1	**124·1**	128·3	90
100	67·3	70·1	74·2	77·9	82·4	90·1	99·3	109·1	118·5	**124·3**	129·6	**135·8**	140·2	100
y_P	−2·58	−2·33	−1·96	−1·64	−1·28	−0·674	0·000	0·674	1·282	**1·645**	1·960	**2·33**	2·58	y_P

注　表から読んだ値を$\chi^2(\phi, P)$，$\chi^2_P(\phi)$，$\chi^2_\phi(P)$ などと記すことがある．

例 1．$\phi=10$，$P=0{\cdot}05$ に対するχ^2 の値は 18·31 である．これは自由度 10 のカイ二乗分布に従う確率変数が 18·31 以上の値をとる確率が 5％であることを示す．

例 2．$\phi=54$，$P=0{\cdot}01$ に対するχ^2 の値は，$\phi=60$ に対する値と $\phi=50$ に対する値とを用いて，88·4×0·4+76·2×0·6=81·1 として求める．

例 3．$\phi=145$，$P=0{\cdot}05$ に対する χ^2 の値は，Fisher の近似式を用いて，$\frac{1}{2}(y_P+\sqrt{2\phi-1})^2=\frac{1}{2}(1{\cdot}645+\sqrt{289})^2=173{\cdot}8$ として求める．（y_P は表の下端にある．）

出典）　森口繁一，日科技連数値表委員会編(2009)：『新編　日科技連数値表　第 2 版』，日科技連出版社．

付表 4　管理図の計数表

（3 シグマ法による $\overline{X}$-R 管理図の管理線を計算するための係数を求める表）

サンプルの大きさ n	$\overline{X}$ の管理図			R の管理図						
	$\sqrt{n}$	A	A_2	d_2	$1/d_2$	d_3	D_1	D_2	D_3	D_4
2	1·414	2·121	1·880	1·128	·8862	0·853	——	3·686	——	3·267
3	1·732	1·732	1·023	1·693	·5908	0·888	——	4·358	——	2·575
4	2·000	1·500	0·729	2·059	·4857	0·880	——	4·698	——	2·282
5	2·236	1·342	0·577	2·326	·4299	0·864	——	4·918	——	2·114
6	2·449	1·225	0·483	2·534	·3946	0·848	——	5·079	——	2·004
7	2·646	1·134	0·419	2·704	·3698	0·833	0·205	5·204	0·076	1·924
8	2·828	1·061	0·373	2·847	·3512	0·820	0·388	5·307	0·136	1·864
9	3·000	1·000	0·337	2·970	·3367	0·808	0·547	5·394	0·184	1·816
10	3·162	0·949	0·308	3·078	·3249	0·797	0·686	5·469	0·223	1·777

注　D_1、D_3の欄の——は，R の下方管理限界を考えないことを示す．

例 1．　$n=5$, $\mu'=30$, $\sigma'=10$ のとき，$\overline{X}$の管理限界は$\mu'\pm A\sigma'=30\pm1·342\times10=43·42, 16·58$；$R$ の中心線は $d_2\sigma'=23·26$．R の上方管理限界は $D_2\sigma'=49·18$．下方管理限界は $D_1\sigma'=$——（考えない）．

例 2．　$n=4$, $\overline{\overline{X}}=49·48$, $\overline{R}=19·28$ のとき，$\overline{X}$ の管理限界は$\overline{\overline{X}}\pm A_2\overline{R}=49·48\pm0·729\times19·28=49·48\pm14·06=63·54,\ 35·42$；$R$ の中心線は $\overline{R}=19·28$, 上方管理限界は $D_4\overline{R}=2·282\times19·28=44·00$, 下方管理限界は $D_3\overline{R}=$——(考えない)．工程が安定しているとき，分布が対称ならば，X はだいたい $\overline{\overline{X}}\pm\sqrt{n}\,A_2\overline{R}=49·48\pm2·000\times14·06=77·60,\ 21·36$ の間におさまる．

（3 シグマ法による $\overline{X}$-s 管理図の管理線を計算するための係数を求める表）

サンプルの大きさ n	$\overline{X}$ の管理図			s の管理図						
	$\sqrt{n}$	A	A_3	c_4	$1/c_4$	c_5	B_5	B_6	B_3	B_4
2	1·414	2·121	2·659	·7979	1·253	·6028	——	2·606	——	3·267
3	1·732	1·732	1·954	·8862	1·128	·4633	——	2·276	——	2·568
4	2·000	1·500	1·628	·9213	1·085	·3888	——	2·088	——	2·266
5	2·236	1·342	1·427	·9400	1·064	·3412	——	1·964	——	2·089
6	2·449	1·225	1·287	·9515	1·051	·3075	0·029	1·874	0·030	1·970
7	2·646	1·134	1·182	·9594	1·042	·2822	0·113	1·806	0·118	1·882
8	2·828	1·061	1·099	·9650	1·036	·2621	0·179	1·751	0·185	1·815
9	3·000	1·000	1·032	·9693	1·032	·2458	0·232	1·707	0·239	1·761
10	3·162	0·949	0·975	·9727	1·028	·2322	0·276	1·669	0·284	1·716
11	3·317	0·905	0·927	·9754	1·025	·2207	0·313	1·637	0·321	1·679
12	3·464	0·866	0·886	·9776	1·023	·2107	0·346	1·610	0·354	1·646
13	3·606	0·832	0·850	·9794	1·021	·2019	0·374	1·585	0·382	1·618
14	3·742	0·802	0·817	·9810	1·019	·1942	0·399	1·563	0·406	1·594
15	3·873	0·775	0·789	·9823	1·018	·1872	0·421	1·544	0·428	1·572
16	4·000	0·750	0·763	·9835	1·017	·1810	0·440	1·526	0·448	1·552
17	4·123	0·728	0·739	·9845	1·016	·1753	0·458	1·511	0·466	1·534
18	4·243	0·707	0·718	·9854	1·015	·1702	0·475	1·496	0·482	1·518
19	4·359	0·688	0·698	·9862	1·014	·1655	0·490	1·483	0·497	1·503
20	4·472	0·671	0·680	·9869	1·013	·1611	0·504	1·470	0·510	1·490
25	5·000	0·600	0·606	·9896	1·010	·1436	0·559	1·420	0·565	1·435
30	5·477	0·548	0·552	·9914	1·009	·1307	0·599	1·384	0·604	1·396
40	6·325	0·474	0·477	·9936	1·006	·1129	0·655	1·332	0·659	1·341
50	7·071	0·424	0·426	·9949	1·005	·1008	0·693	1·297	0·696	1·304
100	10·000	0·300	0·301	·9975	1·003	·0710	0·785	1·210	0·787	1·213
20以上		$\frac{3}{\sqrt{n}}$	$\frac{3}{\sqrt{n}}\left(1+\frac{1}{4n}\right)$	$1-\frac{1}{4n}$	$1+\frac{1}{4n}$	$\frac{1}{\sqrt{2n}}$	$1-\frac{3}{\sqrt{2n}}$	$1+\frac{3}{\sqrt{2n}}$	$1-\frac{3}{\sqrt{2n}}$	$1+\frac{3}{\sqrt{2n}}$

注　B_5，B_3の欄の——は s の下方管理限界を考えないことを示す．

標準値μ', σ' が与えられたとき，$\overline{X}$の管理限界は$\mu'\pm A\sigma'$，s の中心線は $c_4\sigma'$，管理限界は $B_6\sigma'$，$B_5\sigma'$. また$\overline{X}$、$\overline{s}$から計算するとき，$\overline{X}$の管理限界は $\overline{\overline{X}}\pm A_3\overline{s}$ となり，s の中心線は$\overline{s}$，管理限界は $B_4\overline{s}$，$B_3\overline{s}$で与えられる．

工程が安定していて分布が対称ならば，X はだいたい$\overline{\overline{X}}\pm\sqrt{n}\,A_3\overline{s}$ の間におさまる．

出典）　森口繁一，日科技連数値表委員会編(2009)：『新編　日科技連数値表　第 2 版』，日科技連出版社．

引用・参考文献

第1章

［1］ H.ファヨール著，佐々木恒男訳(1972)：『産業ならびに一般の管理』，未来社.

［2］ 日本経営工学会編(2002)：『生産管理用語辞典』，日本規格協会.

［3］ 大野耐一(1978)：『トヨタ生産方式』，ダイヤモンド社.

［4］ 日本品質管理学会(2018)：『日本品質管理学会規格　品質管理用語　JSQC-Std 00-001：2018』.

［5］ 日本工業標準調査会(審議)(2011)：『JIS Z 8141：2011　生産管理用語』，日本規格協会.

［6］ 金子浩一，中島健一(2015)：『科学的先手管理入門』，日科技連出版社.

第2章

［1］ British Library："Frederick Winslow Taylor", Business and Management (https://www.bl.uk/people/frederick-winslow-taylor)

［2］ 大野勝久，田村隆善，森健一，中島健一(2002)：『生産管理システム』，朝倉書店.

［3］ 藻利重隆(1965)：『経営管理総論(第二新訂版)』，千倉書房.

［4］ 都崎雅之助，大村實(1985)：『経営工学概論 第2版』，森北出版.

［5］ フレデリック W.テイラー著，有賀裕子訳(2009)：『新訳 科学的管理法』，ダイヤモンド社.

［6］ 岸田民樹，田中政光(2009)：『経営学説史』(有斐閣アルマ)，有斐閣.

［7］ 熊谷智徳(1996)：『経営工学総論』，放送大学教育振興会.

［8］ 前掲，第1章［5］

第3章

［1］ Ford Foundation："About Ford-Our origins" (https://www.fordfoundation.org/about/about-ford/our-origins/)

［2］ 前掲，第2章［2］

［3］ 前掲，第2章［3］

［4］ アルフレッド P. スローン Jr.著，有賀裕子訳(2003)：『新訳 GM とともに』，ダイヤモンド社.

［5］ 前掲，第1章［3］

［6］ 日本経営工学会編(1994)：『経営工学ハンドブック』，丸善.

第4章

[1] 田村隆善，大野勝久，中島健一，小島貢利（2012）：『新版 生産管理システム』，朝倉書店 .

[2] A. J. Clark and H. Scarf(1960)："Optimal Policies for a Multi-Echelon Inventory Problem", *Management Science*, Vol. 6, No. 4, pp. 475-490.

[3] 前掲，第1章［5］

[4] 栗山仙之助(1976)：『部品中心生産管理システム』，日本能率協会.

[5] S. C Graves, A. H. G. Rinnooy Kan and P. H. Zipkin ed. (1993)：*Logistics of Production and Inventory*, Elsevier Science.

[6] E. A. Silver, D. F. Pyke, R. Peterson(1998)：*Inventory Management and Production Planning and Scheduling 3rd ed.*, John and Wiley & Son.

第5章

[1] 石川馨(1989)：『第3版 品質管理入門』，日科技連出版社.

[2] The Deming Institute："Photogragh Gallery" (https://deming.org./deming/photo-gallery)

[3] TQM委員会(1997)：『TQM宣言改訂版―"存在感を求めて"―』，日本科学技術連盟.

[4] 梶原武久(2008)：『品質コストの管理会計』，中央経済社.

[5] 日本規格協会編(2010)：『ISO規格の基礎知識 改訂2版』，日本規格協会.

[6] 前掲，第1章［4］

[7] 日科技連製品安全グループ編(1982)：『製品安全技術』，日科技連出版社.

第6章

[1] 前掲，第1章［4］

[2] 永田靖(2009)：『統計的品質管理』，朝倉書店.

[3] 仁科健(2009)：『統計的工程管理』，朝倉書店.

[4] 前掲，第5章［1］

[5] 前掲，第1章［6］

[6] 中島健一編著(2012)：『経営工学のエッセンス』，朝倉書店.

第7章

[1] 塩出省吾，今野勤(2019)：『経営系学生のための基礎統計学　改訂版』，共立出版.

[2] 前掲，第6章［2］

[3] 中島健一(2019)：「QC 検定受験講座 第 5 回統計的方法の基礎」,『QC サークル』, 2019 年 5 月号, pp. 53-60.
[4] 中島健一(2019)：「QC 検定受験講座 第 9 回計量値データに基づく検定と推定(1)」,『QC サークル』, 2019 年 9 月号, pp. 50-56.
[5] 森口繁一, 日科技連数値表委員会編(2009)：『新編 日科技連数値表 第 2 版』, 日科技連出版社.
[6] 永田靖(1992)：『入門 統計解析法』, 日科技連出版社.

第 8 章

[1] 前掲, 第 1 章 [3]
[2] 門田安弘(1991)：『新トヨタシステム』, 講談社.
[3] ジェームズ・P・ウォマック, ダニエル・ルース, ダニエル・T・ジョーンズ著, 沢田博訳(1990)：『リーン生産方式が, 世界の自動車産業をこう変える.』, 経済界.
[4] 前掲, 第 4 章 [1]
[5] 小谷重徳(1987)：「かんばん方式の数理」,『オペレーションズ・リサーチ』, Vol. 32, pp. 730-738.
[6] Ohno K., K. Nakashima and M. Kojima (1995)："Optimal numbers of two kinds of kanbans in a JIT production system", *International Journal of Production Research*, Vol. 33, No. 5, pp. 1387-1401.
[7] 中島健一, 大野勝久(1996)：「外注かんばん方式の確率的性質と最適性」,『日本経営工学会誌』, Vol. 47, No. 2, pp. 100-106.
[8] Kimura, O, and Terada, H. (1981)："Design and analysis of pull system, a method of multi-stage production control", *International Journal of Production Research*, Vol. 19, No. 3, pp. 241-253.
[9] 前掲, 第 2 章 [7]

第 9 章

[1] 大野勝久, 玉置光司, 石垣智徳, 伊藤崇博(2005)：『Excel による経営科学』, コロナ社.
[2] 岡本清(2000)：『原価計算(第六訂版)』, 国元書房.
[3] 桜井久勝(2018)：『会計学入門 第 5 版』, 日本経済新聞社.
[4] 武脇誠, 森口毅彦, 青木章通, 平井裕久(2008)：『管理会計』, 新世社.
[5] 前掲, 第 6 章 [6]

第 10 章

［1］ 柳沢滋(1985)：『PERT のはなし』，日科技連出版社.

［2］ 関根智明(1973)：『PERT・CPM 改訂』，日科技連出版社.

［3］ 前掲，第 2 章［2］

［4］ 前掲，第 1 章［6］

［5］ 鈴木順二郎，牧野鉄治，石坂茂樹(1983)：『FMEA・FTA 実施法』，日科技連出版社.

［6］ 永井一志，大藤正編著(2008)：『第 3 世代の QFD』，日科技連出版社.

［7］ 前掲，第 6 章［6］

第 11 章

［1］ 栗山仙之助(1995)：『総合経営情報システム研究』，日本経営協会総合研究所.

［2］ 佐藤公俊，中本達也，中島健一(2018)：「スーパーマーケットにおける生鮮食品の最適値引き戦略に関する研究」，『日本経営工学会論文誌』，Vol. 69，No. 2，p. 77-83，2018.

［3］ 前掲，第 1 章［5］

［4］ 稲垣公夫(1999)：『TOC 革命』，日本能率協会マネジメントセンター.

［5］ 曹徳弼，中島健一，竹田賢，田中正敏(2008)：『サプライチェーンマネジメント入門』，朝倉書店.

［6］ Forrester, J. (1961)：*Industrial Dynamics*, MIT Press.

［7］ 中島健一(2018)：「航空機部品業界におけるスマート共同工場の構築と製造工程のライン化」，『工場管理』，2018 年 12 月号，pp. 34-37.

［8］ 前掲，第 4 章［1］

［9］ 松川弘明(2018)：「第 4 次産業革命と工場管理の未来」，『工場管理』，2018 年 12 月号，pp. 14-15.

付録

［1］ 前掲，第 2 章［2］

［2］ 前掲，第 7 章［3］

［3］ 前掲，第 7 章［5］

［4］ 鈴木武次(1972)：『待ち行列』，裳華房.

［5］ Howard, R.A. (1960)：*Dynamic Programming and Markov process*, MIT Press.

［6］ Puterman, M.L. (1994)：*Markov Decision Processes: Discrete Stochastic Dynamic Programming*, John Wiley and Sons.

索　引

【た　行】

【な　行】

【は　行】

【ま　行】

【や　行】

【ら　行】

●著者紹介

中島　健一（なかしま　けんいち）　博士（工学），博士（経営学）

早稲田大学 社会科学総合学術院 教授

1995年　名古屋工業大学 工学研究科博士後期課程修了，大阪工業大学着任

1998～1999年　マサチューセッツ工科大学 Visiting Assistant Professor

2010年　神奈川大学 教授，学長補佐（2016～2017年度）

2017～2020年　北京交通大学 Adjunct Professor

2018年　早稲田大学 社会科学総合学術院 教授

（公社）日本経営工学会第35期副会長，第27，31，34期理事，（一社）日本品質管理学会第43，44年度理事，（一財）日本規格協会 ISO/TC 69 SC 4国内委員会委員，Journal of Intelligent Manufacturing International Editorial Board, International Foundation for Production Research 理事，Asia Pacific Industrial Engineering and Management Systems 理事.

モノづくりマネジメント入門

2020年4月19日　第1刷発行
2021年2月19日　第2刷発行

著　者　中島　健一
発行人　戸羽　節文

発行所　株式会社 日科技連出版社
〒151-0051　東京都渋谷区千駄ケ谷5-15-5
DSビル
電　話　出版　03-5379-1244
　　　　営業　03-5379-1238

検　印
省　略

Printed in Japan

印刷・製本　壮光舎印刷

ISBN 978-4-8171-9697-2
URL https://www.juse-p.co.jp/